ほんとうに使える論理思考の技術

木田知廣
Tomohiro Kida

◎著

邱麗娟◎譯

邏輯這樣用，才能解決各種難題

結合5大心理技巧，活化你的邏輯力，收服所有人！

HONTO NI TSUKAERU RONRI SHIKO NO GIJUTSU by Tomohiro Kida

Copyright © 2011 Tomohiro Kida

All Rights Reserved.

Originally published in Japan by CHUKEI PUBLISHING CO. , LTD. , Tokyo.

Chinese (in complex character only) translation rights arranged with CHUKEI PUBLISHING CO.,
LTD., Japan through THE SAKAI AGENCY and BARDON-CHINESE MEDIA AGENCY.

Traditional Chinese translation rights © 2012 by Faces Publications, a division of Cité Publishing Ltd

企畫叢書 FP2239

邏輯這樣用，才能解決各種難題

結合5大心理技巧，活化你的邏輯力，收服所有人！

作　　者　木田知廣（Tomohiro Kida）
譯　　者　邱麗娟
主　　編　陳逸瑛
編　　輯　林詠心、賴昱廷

發 行 人　凃玉雲
出　　版　臉譜出版
　　　　　城邦文化事業股份有限公司
　　　　　台北市中山區民生東路二段141號5樓
　　　　　電話：886-2-25007696　傳真：886-2-25001952
發　　行　英屬蓋曼群島商家庭傳媒股份有限公司城邦分公司
　　　　　台北市中山區民生東路二段141號11樓
　　　　　客服服務專線：886-2-25007718；25007719
　　　　　24小時傳真專線：886-2-25001990；25001991
　　　　　服務時間：週一至週五上午09:30-12:00；下午13:30-17:00
　　　　　劃撥帳號：19863813　戶名：書虫股份有限公司
　　　　　讀者服務信箱：service@readingclub.com.tw
香港發行所　城邦（香港）出版集團有限公司
　　　　　香港灣仔駱克道193號東超商業中心1樓
　　　　　電話：852-25086231或25086217　傳真：852-25789337
　　　　　E-mail：citehk@hknet.com
馬新發行所　城邦（馬新）出版集團 Cite (M) Sdn Bhd
　　　　　41, Jalan Radin Anum, Bandar Baru Sri Petaling,
　　　　　57000 Kuala Lumpur, Malaysia.
　　　　　電話：603-90578822　傳真：603-90576622
　　　　　E-mail：cite@cite.com.my
一 版 一 刷　2012年7月

城邦讀書花園
www.cite.com.tw

ISBN 978-986-235-187-1
翻印必究（Printed in Taiwan）

售價：260元

（本書如有缺頁、破損、倒裝，請寄回更換）

教養和知識完全不同。

最危險的事，不外乎是隨著學習而陷入那個名為「不幸」的知識當中。

無論什麼事，不經大腦思考就渾身不對勁。

　　　　　　——赫曼‧赫塞（Hermann Hesse, 1877-1962）

第二章
打動人心的「CRICSS 法則」

特別收錄
只要有這些就沒問題！
商場上可實際運用的八大架構

前言

用邏輯馳騁商場，用心理說服對方！

「雖然學了邏輯思考，但結果還是不會用。」
「雖然自己覺得說得很有條理，但是對方卻聽不懂。」
「雖然很有幹勁，但事情總是做不好。」

如果你有這些煩惱，本書就是要告訴你實用的邏輯思考術。

我曾是「滿腦子邏輯，卻徒勞無功」的人

「說明必須有邏輯性、淺顯易懂」，許多商業人士會面臨到的這個問題，我也曾面臨過。我買了很多書來看，也曾參加過辯論會，之所以會去歐洲留學，有幾成動機也是因為想要「學會一個世界各地皆可通用的邏輯思考方法」。

當然，剛開始學的時候很辛苦，也有過很丟臉的經驗，就是

佯裝自己很行，胸有成竹地説：「關於這一點的重要祕訣有三個！」但講到一半就忘記是哪三個，竟然還説出：「呃，最後一點是什麼？」

但是，一旦習慣了以後，就會有「邏輯性溝通只要想做就能辦得到」的自信，也會覺得提升技巧這件事讓人變得很快樂，而且真的可以感覺到自己邏輯思考的能力提升了，在聽別人説話時，甚至能聽得出「真是的，這個人説話沒邏輯啊！」

但或許你也發現，自己的邏輯思考能力愈高，工作卻愈做不好。當然，在公司的內部會議裡，你可以用邏輯説服對方。

在發表會上你也可以用「要點有三……」、「理由是……」、「依據……」、「也就是説……」等這些有條理的詞彙來好好包裝自己的發表內容。

但是，這種說法卻完全說服不了周圍的人，根本沒辦法讓團隊達成共識。

不斷努力直到自己可以運用邏輯思考

當時由我負責帶領的計畫，是公司的一大嘗試，也就是要負責做公司部門之間的橫向調整，並思考如何將新的商品賣給既有

客戶等工作，在牽扯到許多利害相關者的同時，還必須推展業務。但是我卻和其他部門時有磨擦，也和客戶時有爭論……我心想，這樣下去真的沒救了，早晚一定會被社長劈頭教訓，自己也陷入「為什麼這麼不順利」的苦惱深淵。

我在黑暗中摸索，思考著到底該怎麼做才好？也看了各種書籍，終於得到了一個結論。

這個結論就是：「只有」邏輯思考是不行的。

當然，在現在這個時代裡，必須要有「邏輯思考」、「淺顯易懂地傳達給對方」的商業技巧。但光「只是」如此還不足以牽動周遭的人，帶出巨大的結果；而是必須做到融合「邏輯與心理」，進行可以打動對方的溝通才行。

當我注意到這個層面時，我突然想到在倫敦商學院的恩師蘇曼特拉·戈沙爾（Sumantra Ghoshal）教授，他的著作《以人為本的企業》（*The Individualized Corporation*）在日本也是暢銷書，在歐美，他和麥可·波特（Michael E. Porter）、亨利·明茲伯格（Henry Mintzberg）並駕齊驅，都是經營策略的大師。

在他門下受教時，曾有機會和恩師同行，訪問一位大經營家。訪問現場雖然瀰漫著緊張的氣氛，但恩師蘇曼特拉一開口進行採訪，現場的氛圍就為之一變，整個訪談都在緩和的氣氛下進行。

回程中我問老師：「要如何做才能像您那樣改變現場氣氛？」

蘇曼特拉的回答很簡單，他說「Tomo，那就是『好奇心和尊重』。」

好奇心和尊重都能讓對方感受到你的認同感。蘇曼特拉老師雖然是邏輯性的「策略理論」大師，但同時在這些策略的背後還包含了「心理」層面。

「說動人心」的重要性

當我注意到這件事，並且在腦海中把商學院所學，以及自己周遭一流人士的行為整理一番之後，發現能說動對方的溝通方式有幾個共同特徵。

當我自己試著一點一點地學他們的做法去執行之後，發現原本光靠邏輯思考無法順利進展的企畫，竟然能以驚人的速度推展。當初無論我怎麼說服，對方都不願首肯的事，在我改變後竟然能乾脆地答應，在我面臨危機時，也有意想不到的人伸手援助，這種效果真的令我很驚訝。

用邏輯掌握，用心理說動

有了這層體驗之後，我將「用邏輯掌握，用心理說動」的技

術整理出來，就成為讀者手上的這本書。

不在乎心理層面，只靠邏輯來工作，那是無法說動人心、獲得周遭支持來成就大事的。做生意需要邏輯，但只靠邏輯無法成事，我自己的親身經驗就是如此。

反之亦然，不能說只要掌握人心，工作就能一帆風順。工作還是需要有邏輯或資料的依據才行。

本書就是希望告訴各位在商業上「真正實用」的邏輯思考術。

所以本書各章節一開始會插入各種讓讀者覺得「啊，真的有這種情況」的小故事，目的是希望各位讀者能覺得這些情形的確活生生在商場上發生，而以真實故事改編出一些商務情境。

接下來就為各位介紹本書。

首先，在序章裡為了讓各位了解「為什麼只靠邏輯思考行不通」，我介紹了三個狀況題，請各位回想自己的職場情形，對照一下。

在第一章裡，將解說以「沒有比這更簡單，可以不用再多做什麼」的觀點所歸納出來的邏輯思考要訣。

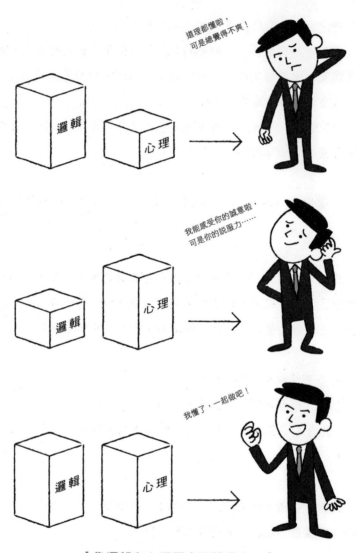

【靠邏輯和心理兩方面說動人心】

在第二章裡，介紹「說動人心」當中相當重要的「CRICSS法則」。這是我參考心理學世界權威羅伯特・齊歐迪尼（Robert B. Cialdini）教授的全球暢銷作品《透視影響力：人類史上最詭譎、強大的武器總析解》（*Influence:Science and Practice*）後，自己開發出的「說動人心的六大重點」。

第三章可說是「說動人心」的實踐章節，介紹說動人心的五項心理技巧。

在第四章裡，將解說結合了「邏輯」和「心理」的「實用的邏輯思考術」。

請各位先大略翻閱本書，掌握整體概略的內容之後，再細讀各項故事，想想「如果是自己的話該怎麼做」，這樣會更有成效。

無論是在邏輯層面或心理層面，都希望本書能為那些深受溝通所困擾的商業人士帶來助益。

【本書概要圖】

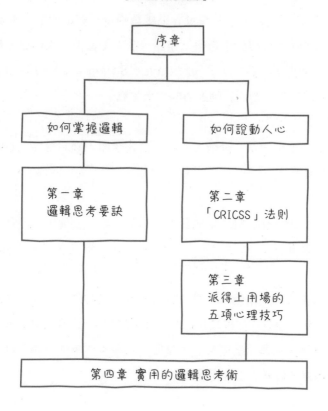

序章

如何掌握邏輯

第一章
邏輯思考要訣

如何說動人心

第二章
「CRICSS」法則

第三章
派得上用場的
五項心理技巧

第四章 實用的邏輯思考術

序章

學習邏輯思考的「徒勞者」

商場上，有「實用的邏輯思考」和「不實用的邏輯思考」，如果你頑固地認為「不管對方怎麼想，正確的邏輯才重要」的話，也許就只能遭人白眼了。

健太郎，在會議裡被「擊沉」

　　健康食品大廠SLOBIS正在進行新業務的規畫，專案經理青木健太郎在專案啟動會議的討論中，自然而然地使用了邏輯思考的報告方式進行會議。

＊　　＊　　＊

　　「因此，就『顧客』、『競爭』、『公司』的角度來整理我們公司所處的環境之後……」健太郎冷靜地進行會議，卻冷不防被某人的發言給硬生生地打斷。

　　「對不起，我打從一開始就不太清楚為什麼要做這項專案……」

　　健太郎愕然地轉向出聲來源，映入眼簾的是下巴略抬、帶著挑釁意味的宮城亮太，宮城看到健太郎詫異的表情後又繼續說：

　　「沒什麼啦，我只是想說我搞不懂我們公司進行這種新專案的意義何在？」

　　「因為我們必須先有共識，所以才要進行關於公司目前所處狀況的簡報，如果沒辦法『理解現況』，就沒辦法繼續議論下去了，不是嗎？」健太郎像老師一樣仔細地說明，但是宮城還是不

死心。

「公司現況大家不都已經了解了嗎？不如早一點提出新專案的企畫內容，會比講這些浪費時間的話要來得有效率吧？」

結果整場會議進行得拖拖拉拉，議程幾乎沒辦法往前邁進一步。一直到了會議時間結束，看著團隊成員離開會議室的背影，健太郎不禁感到一陣挫折，心想：「為什麼會變成這樣？事前分析我也做得很好，解決問題的步驟也沒有錯，為什麼會這樣？」

更慘的是，這次會議健太郎的長官小澤豪一郎也在座。他是個能幹的人，在公司裡做事素有「鐵腕」之稱，強硬的行事作風使他到處樹敵，對健太郎而言也是個棘手的上司。

健太郎當初會開始學邏輯思考，也是為了對抗小澤上司的強硬工作方式。不過對小澤來說，健太郎這種部屬似乎「不討喜」吧，只要一有事，就會說「那我們來聽聽青木具有邏輯性的意見吧」，真是個咄咄逼人又討人厭的嚴厲長官；而且明明委任健太郎擔任專案經理，卻又要親自參加會議，也許他的心裡就是這麼想的：「讓我見識一下你的本領吧！」

在其他成員離開，會議室只剩兩個人時，小澤問了健太郎：「青木，你覺得怎麼樣？」

如果是平常的健太郎，會反問「『怎麼樣』是指什麼」，但他現在已經沒精神問了，只想盡快一個人獨處，所以裝作一派自然地說：

「啊，OK 的啦。進展得有點不順可能是因為這是頭一次發

表，準備不足吧，哈哈哈！可是沒關係，找出這次問題的癥結來分析，下次我就能好好想出對策來面對了。」

雖然連健太郎都覺得自己好假，不過小澤丟下一句：「這樣嗎？那就交給你了。」之後他就離開會議室，著實讓健太郎鬆了一口氣。不過如果他稍微注意看的話，應該會發現這時的小澤嘴角帶著「會心」的一抹微笑。

原本要離開會議室的小澤突然回頭問：

「說實在的，青木，你也覺得這個團隊很難搞吧？」

隨意的一句話使得健太郎像是上了鉤的魚兒般回答。

「老實說，真的是敗給他們了。」

身為專案經理，卻說團隊成員壞話，感覺有點卑鄙，但健太郎因小澤的一句「這個團隊的確有點難搞」而覺得安心，滔滔不絕地繼續講下去。

「對專案來說，團隊裡有各種人才是一件不錯的事，但我真的懷疑他們是不是真的有心想執行這項專案。」

小澤像是沉思般地低語：「是喔，不知道他們有沒有心想做啊。」

健太郎像是想到了一些事而問小澤：

「如果是這樣的成員，小澤長官也會覺得辛苦嗎？」

健太郎也許認為就算是鐵腕小澤，也會對這種任性的成員感到困擾，所以這麼問，但小澤圓融地招架了健太郎的追問。

「也許辛苦，但還是有些良好的經營團隊的方式，如果你現

在有時間，要不要聽聽啊？」

「好，好好，請告訴我。」

健太郎總是和小澤唱反調，但今天難得老實地請益。

「首先，我覺得今天的會議，成員的情感沒有凝聚在一起……」

健太郎本以為小澤會很嚴厲地斥責，沒想到竟是以和緩的語氣開始談話，這使得健太郎不禁認真地傾聽小澤的說話內容，開始了這趟「提升自我技能」的漫長旅程。

派不上用場！常被誤用的邏輯思考

為什麼不能光有邏輯思考？

　　本章將以使用邏輯思考時遇到瓶頸的實際例子，來解釋為什麼不能光有邏輯思考，以及說動聽者心理的必要性。

　　邏輯思考指的是有系統地思考事物，並且有條理地告訴對方，這種方式在二〇〇〇年左右於日本蔚為風潮。邏輯思考結合經營管理、組織思考，可說是現今商業人士的「必修科目」。

學習邏輯思考的「徒勞者」

　　但是問到學習邏輯思考這個「必修科目」的人，是否都在商業經營上有一番作為？答案是否定的。不僅如此，這樣的人還招來「這傢伙總是動不動就說大道理」的「負面評價」，使得周圍的人對他敬而遠之。

我目前已經教過上千位的商業人士如何邏輯思考，其中有不少人對於邏輯思考心存迷思，面對這類的人，我常會感到惋惜，心想：「這個人是不是不要學邏輯思考，反而會成為比較好的商業人士。」我自己以前也滿腦子都是無助於工作又「令人痛恨」的邏輯思考。

職場裡總有「邏輯思考阿宅」

　　認為學了邏輯思考後，在職場上才能「受人注目」的人，就是典型的「邏輯思考阿宅」。在商場上應該不難見到那些認為「邏輯萬歲」卻沒想到行不通，因而感到焦躁的人吧，結果這些「邏輯思考阿宅」聚集在一起，抱怨著「那些傢伙根本都不懂」，甚至出現互舔傷口的情形，這真的是本末倒置。各位周遭有沒有這種陷入「令人痛恨」的邏輯思考圈套裡的人？我們快來看看吧。

會議中努力想說服對方
卻把氣氛搞砸了

想證明自己才「對」！

　　這種類型的人通常在會議一開始會講「重點有三個」。這也許是因為打從昭和時代起，用這種說話方式起頭的人，會讓人佩服地說：「喔，這傢伙說話有先在腦袋中整理過哦！」但現在再這麼說話的人，只會讓人覺得「又來了」。而且這種人大多數都是說了「三個」之後，還會再陸續增加幾個重點，會讓人質疑「其實根本就不止三個重點」，而不禁想吐槽。

目的是為了「勝辯」

　　而且這種人在聽別人講話時也無法默不作聲，反而會像檢察官一樣不斷地詢問「這是為什麼？」、「你的依據是什麼？」，這

【只會引人發怒的邏輯思考】

- 口頭禪是「為什麼？」
- 想證明自己才「對」
- 任何事情都要分出是非黑白

種說話方式讓人整個感到不快。最後這種人總會用一副獲勝的表情說：「你的內容不合邏輯啊！」但其實在商場上最重要的並不是說贏對方。

這種人到頭來會成為團隊的負擔

　　整個團隊裡只要有一個這樣的人，會議就很難有所進展，因為這種人在整個團隊想往前進一步時，會是一個很大的阻礙。商場隨時都在變，昨天正確的事今天不一定正確。在公司，若內部會議裡著重於要辯到贏，往往會錯失商務最佳時機。而且在顧客面前太過注重邏輯的正確性，會使顧客愈來愈不想跟你做生意，若這種情形不斷重複，會使得成員的幹勁和業績一起下滑。

　　而且過不了多久，這類型人的背後就會出現其他成員的批評聲：「能不能快點把那傢伙調去其他單位啊！」

常被誤用的邏輯思考（2）
評論家調調使對方失去信賴

實際上不行動卻只會拘泥在邏輯理論裡

　　生性略微悲觀的人容易陷入邏輯思考裡，這種人雖然不至於咄咄逼人地想說服對方，但會彷彿置身事外地批評任何論點。這一類型的人只會以評論家的姿態，「依據理論正確地指出問題所在」。

喜歡「精闢見解」

　　舉例來說，公司想寄廣告信函給客戶來提高業績時，這類型的人會這麼質問：「從保護個人資訊的角度來看，這樣不太好吧？」、「這種事原本就不知道有沒有成效」、「應該先研究其他公司的作法……」這類型的人，意見都很「精闢」，但對原本的目的（提高業績）卻完全沒有半點貢獻。而且這類型的人都只擅

長聰明地從邏輯上來思考，只要他提出「從保護個人資訊的角度來看的話不太好」，別人就很難反駁他。光是要一項一項克服這種「精闢」見解，就得大費周章，花上大量的時間成本。

被貼上「評論家」標籤

不過這種人卻會滿臉春風得意地說：「各位看倌，我說的沒錯吧，是有風險的，對吧？不要給客戶廣告信函才是對的吧？」也因為證明了自己是對的而感到滿足。雖然這種人不至於讓周遭的人想對他說「快點消失吧」，可是也會遭到輕視，認為「×××是評論家，就算問他意見也沒用」。

【評論家風格壞了整個氣氛】

- 「精闢見解」讓大家感到困擾
- 會讓大家覺得你是個「評論家」
- 沒有實際行動只喜歡講道理

搜索犯人的態度為組織帶來麻煩

公司最怕這種人

　　如果只是一個人大唱高調的話，還不至於有什麼害處；但是有另一種人大談邏輯時，卻會給組織帶來毀滅性的結果。

　　有看過邏輯思考書籍的人就知道，解決問題的步驟是：1. 理解現況→2. 鎖定原因→3. 決定方針→4. 實行。

　　這些步驟是很重要的，尤其在工廠等場所更可以發揮全面性的力量。各位也許聽過，豐田公司以連問五回「為什麼」來找出問題核心的方法，很受業界推崇。這種作法的確令人佩服，讓人覺得「在國際上發光的企業就是不一樣啊！」

　　只不過如果把這種方法論帶到組織與人際關係的問題裡，就會延伸出很嚴重的問題。這是因為要找出組織裡的真正原因，就會變成很像是在「找尋犯人」。

- 尋找犯人的態度會為公司帶來麻煩
- 會把組織的問題轉為探討「個人過失」
- 只會講出負面的意見

一旦開始「尋找犯人」的話……

　　在詢問原因時，這種作法很容易會轉變成「這是誰決定的？」、「為什麼會做出這麼白癡的決定？」

　　如果組織裡有這種人，每個人都不希望是自己遭受指責的

人，於是就會武裝自己，端出評論家的姿態。因為「如果嘗試失敗的話一定會被釘，乾脆我把力氣花在邏輯思考，換成指責別人的問題癥結點還落得比較輕鬆一點」。

用經濟學的說法來說，這就是「劣幣驅逐良幣」；用組織用語來說，就稱為「評論家驅逐創業家精神」。一旦公司出現了這種評論家型的人，就會像傳染病一樣讓整個公司不斷出現「感染者」。**回頭一看時，會發現這個組織在不知不覺中變成一個邏輯正確，卻沒有任何新作為的組織。**

看到這裡也許各位會想說：「啊，有有有，我們部門裡有這種人！」或是會像我一樣感到心痛，覺得「這根本就是在講我啊！」

下一頁有個簡單的類型測試，請檢查一下：「自己離哪一種類型比較接近？」、「有沒有掉入典型的陷阱裡？」

【類型測試】

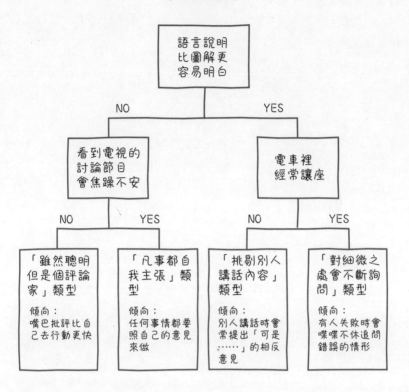

語言說明
比圖解更
容易明白

NO　　　　　　　YES

看到電視的
討論節目
會焦躁不安

電車裡
經常讓座

NO　　　　YES　　　　　NO　　　　YES

「雖然聰明
但是個評論
家」類型

傾向：
嘴巴批評比自
己去行動更快

「凡事都自
我主張」類
型

傾向：
任何事情都要
照自己的意見
來做

「挑剔別人
講話內容」
類型

傾向：
別人講話時會
常提出「可是
……」的相反
意見

「對細微之
處會不斷詢
問」類型

傾向：
有人失敗時會
喋喋不休追問
錯誤的情形

第一章

掌握邏輯思考的訣竅

你有沒有過「雖然學了邏輯思考，但卻沒辦法好好應用在工作上」的經驗？「讓邏輯思考變得實用」其實非常簡單，讓我們一起來看看具體的使用方式。

健太郎的煩惱

　　健太郎回顧自己在會議上的「大失態」後，努力想跳脫這種「令人痛恨」的邏輯思考。後來他漸漸地能和專案團隊成員建立起信賴關係。在那之後，有一天他們正在討論調查結果的中期報告……

＊　　　＊　　　＊

　　「青木先生……青木先生……」

　　耳邊有人大聲呼喊，健太郎突然回神，只見成員宮城亮太一臉驚訝地看著他：

　　「青木先生你怎麼了？在沉思嗎？」

　　「啊，是……是啊！」

　　宮城並沒有對含糊其詞的健太郎繼續追問下去，而是帶著一派輕鬆的笑臉催促健太郎：「我們趕快彙整中期報告吧」。

　　雖然會議當中飄盪著緊張的氣氛，但其實宮城的本性還不壞。正因為宮城認真考量過目前公司的情況，才會講出這些話來。

　　實際上，之後這個團隊立即積極地展開這項專案的主題，也

就是新業務的企畫活動。

目前，健太郎團隊最努力調查的領域，就是「食育」（與飲食有關的教育），這個概念從食材的安全性到料理製作方式等，因目前農藥以及產地虛報的問題而引起消費者的高度關切。而且，探討食物的營養素，和 SLOBIS 公司主要事業（健康食品）的屬性也吻合。小澤上司正在等中期報告，健太郎努力地彙整內容，但總覺得……

「沒辦法好好傳達我想講的內容啊……」

健太郎感到煩惱。

有條理且淺顯易懂地傳達、邏輯性地溝通，原本是健太郎所擅長的，但現在他腦袋裡只模糊地浮現出：

金字塔架構

樹狀邏輯

矩陣

MECE

PDCA 循環

但是這些架構真要用在工作上時，卻沒辦法確實派上用場。

其實健太郎當初在研討會裡學習到「金字塔架構」這個工具架構時，有一種「終於學會了」，覺得「原來如此」的深刻體認，但是真的要實際運用時，卻沒辦法得心應手。好不容易學會

的技巧卻沒辦法好好使用，實在是令他跳腳。

（我到底在幹嘛啊……）

為了在小澤這種「鐵腕」型上司底下做事時能明哲保身，健太郎才去學邏輯思考，但卻沒辦法用在中期報告，寫給那位重要人士看……健太郎心想自己一路走來看了幾十本書，自掏腰包參加的研討會豈不是都白學了？不禁因而深深地感到一陣挫折。

「青木先生，你看這裡！」

這時拯救健太郎的，是一向積極往前、總能帶動團隊氣氛的宮城。宮城的這一句話讓健太郎重新整理心情來檢視眼前的金字塔架構。這時健太郎還沒意識到，在和宮城一起構築金字塔架構的過程中，有一股妙不可言的力量正在促使這個團隊團結起來……

把「主張」和「根據」分開！

> **邏輯思考的重點只有一個！**

　　本章要來看「邏輯」，也就是「有條理地說明事物的基本原則」。但是能把「邏輯思考」和「邏輯性溝通」提升到「能實際運用」程度的聰明人並不多。

　　有很多人看了書，也參加了研討會，即使當下「覺得自己已經了解了」，但真的要用在實際工作上的時候，還是會覺得困惑。

　　這是因為這些人只是把邏輯思考死記下來的緣故，其實要掌握邏輯思考的本質，只需要用一句話就可以做出總結。

　　而且在時時刻刻變化的商場裡，絕對沒辦法運用各種邏輯思考技巧來「注意這個，注意那個」，所以必須掌握到乍見之下相當分散的技巧其「本質」是什麼。

　　這個邏輯性溝通的本質，就是區分出「主張」和「根據」。

【要掌握邏輯，就要區分出主張和根據！】

「邏輯思考」的重點主要是區分出主張和根據。不需要
使用困難的工作架構或不易記憶的英文單字來記。

「主張」和「根據」是什麼？

　　「主張」所指的是自己想說的內容，或是想傳達給對方、希
望對方能了解的重點。

　　而「根據」所指的是，為什麼這麼想、這麼思考所依據的事
實為何。日常生活中我們也許不太會去區分這些，但在商場上，

把「主張」和「根據」區分出來才具有邏輯性，才是和對方溝通的基本原則。

就只是這樣？對！就只是這樣。

當然，還有許多其他必須掌握的要素，但請先完全掌握這個基本原則。只要了解這個基本原則，就一定能將邏輯思考的層次提高到「能實際運用」的程度。

【主張和根據是什麼？】

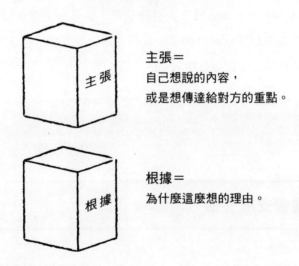

主張＝
自己想說的內容，
或是想傳達給對方的重點。

根據＝
為什麼這麼想的理由。

主張與根據，這是之後篇章常會出現的關鍵字，請各位一定要記住。

說話要有邏輯，
只要記得「I LOVE YOU」

> ## 我愛你。因為……

　　之前也說過，邏輯思考的要訣就是「區分出主張和根據」，那麼我們就立刻來看具體例子。我們先用容易理解，在表現上更具邏輯性的英文來記住邏輯思考的本質。

> I Love You Because ○○

> ## 根據會支撐主張

　　「I Love You」，也就是「我愛你」，是這裡所說的主張，Because之後的「○○」就是放入根據的地方。例如：

英文的邏輯性適合作為範例，我們就用例句來掌握邏輯思考吧。

I Love You Because **Your Eyes Are Shining.**

主張：我愛你

原因（Because）

根據：你的眼睛閃耀著光芒

用圖表來表現的話就和下圖一樣。

上面是「主張」，底下要有「根據」支撐。這個根據是邏輯性溝通的基本要素。

【主張與根據的關係】

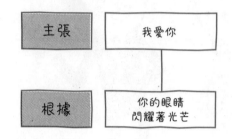

上面有「主張」，底下有「根據」支撐。
雖然形狀多少會有點複雜，但基本上架構只有這些。

用三個根據支撐你的主張

盡量找足根據！

那麼，我們來看下一步。我們先回到剛剛的英文例句，再來解釋提高說服力的方式，也就是追加根據。

I Love You Because **Your Eyes Are Shining.**

主張：我愛你
原因（Because）
根據1：你的眼睛閃耀著光芒
根據2：而且頭髮烏黑有光澤
根據3：而且皮膚和雪一樣白

如上面一般，在一個主張底下附加許多根據，可以提高說服力。

原本女性光是聽到「因為你的眼睛閃耀著光芒」時，大概不

會理睬，只會認為「啊，你騙人的吧（笑）」，但在聽到這麼多根據後應該也容易動心。

順帶一提，把上面的情形用圖表表示的話就會像下圖一樣。

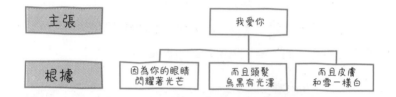

【一個主張附上三個根據】

要提高主張的說服力，附上多個根據是有必要的。

一個主張只有一個根據支撐，沒有說服力

跟上面這個圖表一比，44頁那個一個主張只有一個根據支撐著的圖表感覺有點危險，好像有人稍微推一下就會倒下來一樣。

在溝通時也一樣，如果一個主張只有一個根據，只要有人突然表示疑問，問了一句「真的是這樣嗎？」整個論點就會崩盤；有主張想傳達給對方時，要不斷地增加根據，提升整體主張的穩定感。

這樣即使主張有些狀況也不會倒下來，也就是說，可以變成一個「堅固的主張」。

【主張要靠多個根據來支撐】

　　要進行討論時，一個主張只有一個根據會顯得靠不住，至少要附上三個根據才夠。

累積根據，提高說服力

從各個方向補足根據

下一步，我們試著提高「主張」的說服力。

「我愛你，因為你的眼睛閃耀著光芒，而且你的頭髮烏黑有光澤，而且皮膚和雪一樣白。」這麼一說之後女生會有什麼樣的反應？也許女生會說：「咦？只有臉而已嗎？真正喜歡的不是我這個人嗎？」

沒錯，一直不斷地、不斷地只提到臉部，就會顯得太囉唆了。針對一個主張增加根據的數量是好事，但是增加太多類似的根據反而會降低說服力。

因此，如果要增加根據的話，要從各個面向來追加比較好。例如「我愛你」的根據除了臉以外還有哪些？可不可以說她的個性和身材好呢？

如果是這樣的話，圖表中的第二層就不會出現相同的根據，可以提高說服力。這樣就可以把自己的心意傳達給對方了吧？

但，出乎意料的是，搞不好女生會說：「咦？我並不溫柔體

【針對一項主張準備多項根據】

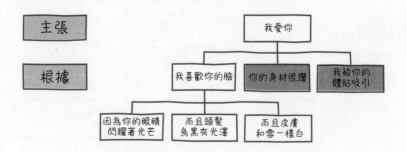

不針對一項根據來深入描述，而是從各種方向來追加根據。

貼啊！」

　　聽到這種話真的會令人想嘆氣，覺得「白費力氣了」。的確，如果被女生這麼說的話真的會很洩氣。「我被你的體貼所吸引」，說到底這只是自己的主觀想法，這個女生是不是真的「體貼」，沒辦法從這個圖看出來。因為**沒有任何根據可以支持「被你的體貼所吸引」這個論點。**

　　「被對方的體貼所吸引」是一項「根據」，但其實也可以是一個主張（副主張）。所以**先填入基本的「區分的『主張』和『根據』」，然後在副主張這一層也加上「根據」。**「根據」盡可能不要是自己的印象，而是將「事實」當作根據來做追加比較好。

【在各個根據下加入事實】

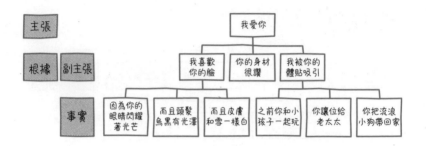

在各種根據的「副主張」裡補足可證明的客觀事實。

全世界都在用的工具：
「金字塔架構」

支撐邏輯思考的「邏輯」

　　如果各位留意的話，應該會發現表示主張和根據的圖表可縱向、橫向延伸，不知不覺間可形成如埃及金字塔般的形狀。要讓某個主張有邏輯性，邊思考邊畫出這樣的金字塔圖形就對了。我們把這個圖稱為「金字塔架構」。

能在腦海中清楚地整理

　　另外，使用金字塔架構的大前提，是要把邏輯思考化為眼睛可見的形式，實際把它寫出來。把浮現腦海中的事物用文字寫出來後，會發現自己出乎意料地考慮地並不周詳，或者會出現「這個主張和這個根據似乎沒有關聯」等現象。當想法訴諸於文字後，就可以以旁人的角度客觀地審視自己的想法。

金字塔架構是世界標準

因此，金字塔架構除了英語圈國家之外，世界其他各國也使用這個邏輯溝通的工具。

「啊，可是自己來寫架構感覺好難。」

也許有人會這麼認為。的確，這個架構整體看起來是有點複雜，但其實一一尋找其中的要素後，會發現這不外乎就是由

區分主張和根據

這個邏輯概念為根本所組成。雖然縱向累積、橫向擴張之後會讓整個架構看起來很複雜，但習慣之後就會變得很簡單。

先從累積「區塊」開始

剛開始，架構小一點也無妨，先試著從累積「主張」和「根據」這些區塊開始。而且要和短篇故事裡的健太郎一樣，找個人一起做，辛苦就會減半，理解度會倍增。這樣和你一起作業的人，理解度也會跟著倍增，就整個團隊來看就能達到2倍×2倍＝4倍的效果。

你會發現一個人埋頭苦幹所架構起來的邏輯區塊，再加入伙伴的力量，就能組成一個偉大的金字塔，品嘗到成就感。

順帶一提，若要在實務上使用金字塔架構，用文書軟體來製作比較方便。在之前的圖示裡，為了讓各位容易理解「金字塔」這個字的意義，我特別製作了組織關係圖，但在工作場合裡不見得有辦法這樣堆疊區塊，倒不如使用「文字縮排」的方式來製作主張和根據的關係會比較簡單（請參見下頁）。

我愛你

我喜歡你的臉

　　　　因為你的眼睛閃耀著光芒

　　　　而且頭髮烏黑有光澤

　　　　而且皮膚和雪一樣白

你的身材很讚

　　　　三圍接近「黃金比例」

　　　　不會瘦得像紙片人

　　　　健康得很有魅力

我被你的體貼吸引

　　　　之前你和小孩子一起玩

　　　　你讓位給老太太

　　　　你把流浪小狗帶回家

心繫「說服」，
就可以變得有邏輯性

邏輯思考可以藉由練習學會

　　那麼，在了解金字塔架構的製作方式後，就讓我來告訴各位把架構做好的要訣。

　　這就像做料理一樣，即使是看著專家的菜單，也已經了解作法了，但等料理實際做好時，還是會覺得：「奇怪？有點不一樣呢！」不知各位是否有過這種經驗？只有經過不斷嘗試，連細微的地方都做到好之後，才能接近真正的味道。

　　金字塔架構也一樣，不斷地反覆製作架構、破壞架構，才能夠提高到「運用自如」的境界。

　　在這裡，先告訴各位幾個要訣。

　　首先，在製作金字塔架構時，或是要進行邏輯性溝通時，要先在心中抱持著「說服對方」的想法。

日本，不用言語也可心領神會的國家

日本人彼此之間溝通交流時，幾乎不太有需要思考如何「說服對方」的機會。

「照平常的方式講話對方卻無法了解」、「必須想想該怎麼講對方才能理解」，這都是困難的業務交涉時才需要注意的要點，平常在公司裡講話並不需要這麼做。

那些靠「默契」就可以了解對方想說什麼的人，他們的這種本事頗受好評；相反地，連現場氣氛都不會觀察的人，理所當然會被批評為「白目」。

必須「說服」未曾謀面的人

只靠默契來讀心，這麼「幸福快樂」的溝通方式，恐怕在其他國家是極為罕見的。

時代在變，現在你必須要能在短時間裡，和與你思考方式、生活背景完全不同的人建立起信賴關係。

不行的話就不斷重做

在製作金字塔架構的過程中還有一點很重要，就是「如果傳達不了訊息就要不斷重做」。努力不斷重做金字塔架構，並不是要告訴對方「我的架構如何」，而是要讓對方覺得「大概是這樣的感覺吧」，這樣就算只做到60%的完成度，也差不多可以傳達了。如果對方可以了解你要傳達的訊息，那就算做好了。60%的完成度若能出現100%的效果，就算是很有效率了。萬一沒辦法把訊息傳達給對方，就要想想「到底是哪裡做得不好」，也許對方會告訴你「哪個部分很難了解」。

如果有伙伴和自己一起製作金字塔圖表，也可以試著讓伙伴做回應，再進行修正，這樣會比較有效率。正因為邏輯性溝通是基於邏輯性思考來進行，所以要靠自己一個人確認並不容易。有可能自己認為已經思考得很周延了，但難免還是會大意漏掉一些重要的地方，所以「請別人確認→掌握自己的弱點不斷改善」，透過這種不斷循環的方式可以讓自己進步得快點。

反過來說，一個人悶頭煩惱很容易陷入序章所說的「常被誤用」的邏輯思考陷阱裡。

金字塔架構雖是溝通的工具，但讓人在製作過程中一起參與，達到一石二鳥的功效，才是邏輯思考「實際運用」的捷徑。

【日常生活中也要想著「說服」這件事】

說服力
UP

○

主張

根據

根據

根據

說服力
DOWN

✕

主張

根據

根據

根據

不要認為「自己不講對方也會知道」，
要經常注意主張和根據之間的關聯性，從零開始表達想說的事情。

金字塔架構的三大確認要點（1）

根據真的是「根據」嗎？

試著懷疑一下「根據」

我們已經知道要用什麼思維來製作金字塔架構，接下來要做的是金字塔架構的檢查法。自己最初製作的金字塔架構，在不熟悉時大約只能完成40%。我們用以下的「三大檢查重點」來確認一下。其實，這裡的確認重點和確認基本架構的方式相同，只是把「區分『主張』和『根據』」的部分再稍微細分而已。

「金字塔架構的三大檢查要點」
①根據真的是「根據」嗎？
②主張和根據之間有關聯嗎？
③根據的橫向連結有沒有矛盾？

那麼，我們就用三大檢查要點，來檢視健太郎為了向小澤上司進行中期報告所製作的金字塔架構（還在製作中，完成度大約50%）。

【檢視主張與根據的關聯】

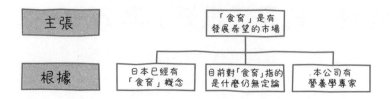

不斷重新製作金字塔架構，擬出構想，檢視主張與根據之間的關聯。

以不斷製造、販售健康食品成長至今的SLOBIS公司，將「食育」作為新業務規畫的主要目標。健太郎和團隊成員宮城不斷討論，想要努力構築出更好的金字塔架構……

第一個檢查要點是：「根據真的是『根據』嗎？」我們來看支持「『食育』是有發展希望的市場」這項主張的根據之一，是位在左下方的「日本已經有食育概念」。

> 宮　城：「日本應該已經有這個概念了，對吧？其實，連我家老奶奶都曉得。」
>
> 健太郎：「咦？你奶奶也曉得喔……可是好像沒有什麼說服力……」
>
> 宮　城：「啊？是這樣嗎？那，改成說連爺爺也曉得呢？」
>
> 健太郎：「不不，宮城，你不能把你家的人當成日本人的代表，有沒有更客觀的資料？」

再次檢視之後，會發現「日本已經有『食育』概念」只是一項意見，也是「副主張」。這樣的話，需要的就是支持這項意見的根據，也就是需要「事實」。當然，宮城的家人知道「食育」是一個事實，但是如果能説「許多人都知道」會更有説服力。

　　例如，「進行一千人的問卷調查之後發現有七百八十四人知道『食育』的概念」，這會讓對方更能直接了解「目前日本已經有這項概念了」。

主張和根據之間有關聯嗎？

「邏輯性」和「歪理」的不同

接下來我們來檢視第二個要點，「主張和根據之間有關聯嗎？」。請各位再看一下60頁的圖表。各位可以了解，「日本已有食育概念」這項根據和「食育是有發展希望的市場」這項主張彼此之間是有關聯的。若一千人當中已有近八百人了解這個概念，那麼有關「食育」的業務也許可以順利推展。至於正中央的「目前對『食育』指的是什麼仍無定論」這項根據呢？

宮　城：「青木先生，這個**目前對『食育』指的是什麼仍無定論**和上面的主張有關聯嗎？」

健太郎：「呃，雖然說是『食育』，但是有許多解釋的角度對吧？從營養學的角度來切入的話，有農藥、O-157大腸桿菌感染等飲食安全方面的議題，或是應該避免一個人孤單飲食的『獨食』等。也就是

說，『食育』並沒有明確的定義。」

宮　城：「喔，原來是這樣啊！但是，沒有明確的定義和
　　　　　『食育』是有發展希望的市場之間有什麼關聯啊？」

健太郎：「呃，這裡是想說，因為沒有明確的定義，所以目
　　　　　前這個市場還沒有被任何一家公司所獨占。比方
　　　　　說，和我們不同領域的『GOACHING』公司不是
　　　　　已經有確定的營運方針了？也有幾間大型公司正在
　　　　　籌畫，但關於食育方面目前並沒有固定的營運方
　　　　　針，所以我們目前投入這個市場應該可行。我想傳
　　　　　達的是這個想法。」

宮　城：「嗯。這樣講好像有點說不通哩。」

健太郎：「的確，說不通啊……」

　　在這番對談之後，健太郎重新製作根據的內容。寫成更直接
的「目前還沒有大型企業進行食育方面的業務」。

　　這種主張和根據沒辦法串連的不協調感很有趣，就算是沒學
過邏輯思考的人也可以敏感地察覺到其間的不協調，這就是我們
常說的「歪理」，指的是雖然「主張」和「根據」已經構成一個
「型」，但兩者之間卻沒有關聯。

　　不過，還是有人很會利用這種不協調感，那就是搞笑藝人。
由故意講出這種不協調感話題的人負責「裝傻」，而指出「你的
邏輯太跳TONE」的角色負責「質詢」。在看電視的同時，分析

察覺「啊，這傢伙現在故意不合邏輯」，是一件很有趣的事，此外還可以訓練自己的邏輯思考。

【檢查主張和根據的關聯】

製作好區分出主張和根據的「型」之後，
檢查看看彼此間的關聯性是否合理。

根據和根據之間有矛盾嗎？

上下雙向確認

　　最後，我們從「根據的橫向連結有沒有不協調感」的觀點來確認。

> 宮　城：「橫向連結嗎？我總覺得右邊的這個不協調哪。左邊和中間都是在說明『市場』，可是『本公司有營養學的專家』講的是我們自己啊！」
>
> 健太郎：「嗯，多多少少感覺好像在硬扯關係一樣，那我們把這一項拿掉，用在金字塔架構別的地方吧？」
>
> 宮　城：「這樣比較好。啊，可是真的拿掉以後，「根據」就只剩下兩個，感覺有點少，再加上一個會比較好。」
>
> 健太郎：「嗯嗯，加上『市場的成長性』之類的吧！」

宮　城：「這個不錯耶，你看，因為中國產的冷凍水餃有問
　　　　題，現在不就因此造成飲食安全的風潮了嗎？」
健太郎：「對喔，那就用那個。」

　　由於覺得「本公司有營養學專家」和其他兩個條件相比不太
協調，所以把這一項刪除，相信這一項一定會用在整個金字塔架
構的其他地方吧。之後，他們補上市場成長性，寫出了以下的金
字塔架構。

【將不協調的根據拿掉】

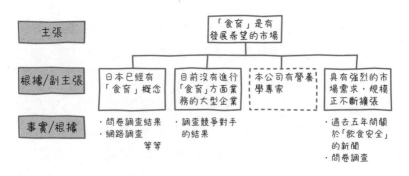

檢查「根據的橫向連結有沒有不協調感」。這時發現「本公司有營養學專家」
屬於自家公司的內容，所以刪除。

這比之前的架構更有說服力吧？如果不太容易了解的話，就試著「上下雙向」確認。

●上下雙向確認
出聲讀出「主張」和「根據」，確認有沒有不協調感。
●由下往上確認
出聲朗讀「根據」之後，加上一句「也就是說」之後，再讀上面的「主張」。
●由上往下確認
出聲朗讀「主張」之後，加上一句「這是因為」之後，再讀下面的「根據」。

首先，我們先從上往下確認。「食育是有希望的市場」，「這是因為」「日本已經有食育概念」，而且「目前沒有進行食育方面業務的大型企業」，還有「具有強烈的市場需求，規模正不斷擴張」。嗯，能夠了解。

接著反過來確認，「日本已經有食育概念」，而且「目前沒有進行食育方面業務的大型企業」，加上「具有強烈的市場需求，規模正不斷擴張」，「也就是說」「食育是有希望的市場」。這不如剛剛由上往下那般具有說服力。光靠這些「根據」就可以斷言「食育是有希望的市場」嗎？需不需要再進一步改善呢？

【利用雙向檢查來確認合不合邏輯】

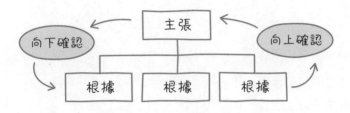

由根據「向上確認」主張，由主張「向下確認」根據。

　　後續的討論我們會在第四章看到。在邏輯思考的基礎上，只要先掌握「一、區分主張和根據，二、用金字塔架構來構築論點，三、檢查三大要點」就OK了。

邏輯思考就是
將雜亂無章的內容簡單化

會議的進度遲滯不前，這時該用什麼特效藥？

　　看到這裡，應該了解金字塔架構真正的用處是作為「讓溝通簡單化的工具」了吧？之前學金字塔架構會覺得「感覺複雜又困難」，這其實是個誤解。我們應該講「邏輯思考的本質，就是如何讓想法簡單化、不失焦」。相信各位也常遇到沒有多加考慮就信口開河，結果話題很容易地天馬行空的情形吧。

　　例如在公司會議裡，明明會議主題是「思考提高銷售額的方法」，卻在不知不覺間變成「我們團隊的經營能力好差啊」、「因為業務的薪水都是固定的啊，這樣就不會想拚了」、「對啊，人事制度還是得靠業績來決定吧？要把這種制度擴展到整個公司才對」，話題內容無限擴展。

　　如果這時有金字塔架構的話，就能將話題導回原本議題：「不不，這個會議是要思考如何簡單地提高銷售額的方法」。

整理自己思路的矩陣使用方式

這在邏輯思考的其他層面上也相同。「把乍見困難的事物想得簡單點」，只要這麼做，邏輯思考在商場上就會變成一種「能實際運用的能力」。

例如，來想想看健太郎團隊在思考的「食育」這個新業務領域的市場，是不是真的有希望。好吧，那該怎麼做呢？

「嗯嗯，食育這個概念已經融入日本，靠著主要目標，即家庭主婦的口耳相傳，透過雜誌企畫等管道，把價格壓得稍微便宜

【確認對方是否能理解，是否願意花錢】

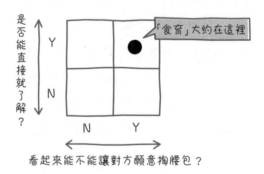

用「是否能直接就了解？」、「看起來能不能讓對方願意掏腰包？」兩個問題來看食育概念的市場。

一些……」乍看之下好像可以做出一個架構，但實際上這是思緒亂飛、典型的「不實用」邏輯思考。

「實用的」邏輯思考會更單純，例如「能不能直接就了解？」、「看起來能不能讓對方願意掏腰包？」用兩個問題畫出分割表格（矩陣表格），來檢視市場的希望有多少。

或者也可以從其他觀點，利用矩陣表格來整理：「有沒有讓對方感覺到『非買不可』？」、「有沒有感受到『想買』的欲望？」

以前學習邏輯思考的人往往會有「那項工具不熟悉不行」、「這一點也很重要」等傾向，請一定要養成簡單思考的習慣。

【檢查有無需求或欲望】

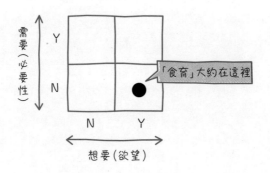

從「有沒有讓對方感覺到『非買不可』？」、「有沒有感受到『想買』的欲望？」兩個角度來看食育概念的市場。

第二章

打動人心的
「CRICSS 法則」

「說動對方」看似簡單，其實很難做到。但是不要緊，
在這一章裡，介紹六個必定讓人充滿幹勁的關鍵撇步
—— CRICSS 法則。

健太郎如何扭轉小組氣氛？

　　健太郎所率領的團隊終於跨過了向小澤上司做中期報告的難關。現在總算可以正式啟動專案了，只差對社長進行最後的簡報。這時正應該集結團隊的力量，可是……

＊　　＊　　＊

　　中期報告發表後，留到最後的宮城對健太郎說：「那麼，分析階段也已經結束了，終於可以進入業務企畫的階段了！」

　　小澤對健太郎團隊的發表反應是「尚稱合格」。雖然他最後還是附上一番說教，「我是了解你們的報告啦，但這就是你們盡了全力的表現？」不過，至少他承認團隊可以繼續往下做了。

　　接下來終於要以「食育」為目標，來具體規畫新業務了，這種振奮感使得宮城宛如比賽前的運動選手般地充滿幹勁。

　　「啊，可是……」宮城的臉色突然認真起來。「總覺得就差那麼一點啊，不曉得該說團隊的凝聚力不夠，還是氣勢不夠……」

　　宮城說的是事實。專案的確是在進展當中，但是並沒有一個「就是它了！」這種共識的新業務雛形。

　　其實，在中期報告的結論裡，也只有寫著「食育具有強烈的

潛在性需求，是我們SLOBIS公司今後應掌握的領域」，這種結論的力量稍嫌不足，也許這就是小澤之所以質問「這就是你們盡了全力的表現？」的理由之一。

接下來，要增加業務內容時，原本是希望其他成員能夠積極參加，能互相真心討論，製作出「這個絕對可行」的業務內容，但是……

「我高中的時候打過籃球，那時候我們籃球隊好強啊，雖然隊員之間會吵架，但彼此都會把想說的話全說出來，絕對不會委屈妥協，所以我們籃球隊才能打進前十六強」

「亮太你好厲害啊……」

在應答中，健太郎有著複雜的想法……**和這傢伙是可以講真心話，不過……**

兩人在專案最初開會時，雖然因彼此磨擦而感到不愉快，但之後一起製作金字塔架構時，卻在不知不覺中建立起信賴關係，彼此「健太郎」、「亮太」，直呼名字地叫。

話雖如此，健太郎和宮城之間所建立起的「熱線」卻似乎並沒有傳達到其他團隊成員身上，和組員之間幾乎沒辦法掏心掏肺地講真心話，宮城似乎看出健太郎的想法，於是繼續說……

「高三的時候我當隊長，所以大概了解你的心情。這個專案的成員並沒有盡全力對吧？要怎麼樣才能讓他們更想做事呢？不過這和運動不一樣，又不是教練嚴格就可以了……」

「說得也是……」

聽到教練二字讓健太郎重新思考，**教練嗎……還是和小澤上**
司再商量一下好了。

　　其實健太郎還是覺得小澤上司很難應付，只不過他不應該只
是用邏輯思考來「武裝」自己，應該要更打開心胸找人商量一下
才是。健太郎自己也知道，只有「邏輯正確」是無法推動業務
的。

　　開始有這層想法的健太郎，終於真正體會到小澤上司「這就
是你們盡了全力的表現？」這一句話的含意。

六個按鍵的魔力

在第一章裡,我們就「只要這麼做就沒問題」的觀點,介紹了邏輯思考的「邏輯」要點。在第二章,我們要介紹另一個支撐「心理」的主軸——CRICSS 法則。

這個想法是來自心理學世界權威羅伯特·齊歐迪尼教授的長銷書《透視影響力:人類史上最詭譎、強大的武器總析解》一書的研究,由我獨自研發出「說動人心的六項規則」。

用六個按鍵「觸碰」人心

這個本質的關鍵字就是「觸碰」。請各位想像六個按鍵相連的畫面。

【說動人心的六個按鍵】

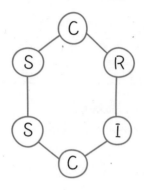

請各位想像在「人的心中有六個相連的按鍵」

接著，將「六個按鍵＝點燃幹勁的按鍵」，有系統地整理之後，所呈現的框架就是「CRICSS法則」。

所謂的「CRICSS」，分別是Commitment（承諾）、in Return（回饋）、Influence（政治力）、Comparison（比較）、Scarcity（限定感）、Sympathy（同感），取這六個單字的第一個英文字母組合而成的。

接下來我們就依序一個個來，看看要如何使用這項法則。

一定讓對方說「YES」的「承諾說服法」
「承諾說服法」
(Commitment ①)

> ## 承諾要有「必達」的決心

第一個C表示Commitment，意思就是「承諾、一貫」。

舉例來說，曾是日產汽車公司CEO的卡洛斯·戈恩（Carlos Ghosn），他就經常使用Commitment。這裡的Commitment表示「必達目標」，他以「日產180」為宣傳口號，指出要讓全球的汽車銷售數增加「100萬台」，營運利潤要達到「8％」的目標。

和單純的「目標」有所不同，這裡指的是「必達」，也就是要有「這個目標沒達到，我就辭掉社長」的魄力，也就是說，「Commitment」表示「一言既出，絕對辦到」。

在日常生活裡，也可以感受到Commitment（承諾）的效果。

原本不想去跟人喝一攤，卻在對方鍥而不捨的邀約下說出「走吧」，結果變成不得不去；或是在交涉時，已經說定的條件卻

要變更時所帶來的心理煎熬，相信很多人都有體驗過。

一開始先取得小小的承諾

那麼只要用這個方式，應該就沒有說服不了對方的事吧！話不是這樣說，若是突然跑出一個大目標，然後跟對方說：「那我們就來貫徹這個目標吧！」相信對方也不會願意配合吧。

所以，一開始應該先和對方約定小事，最後再引起大的行動。我稱為「Commitment（承諾）的麵包屑效果」。

我想到的是捕麻雀的畫面。把竹籃倒過來用棒子撐住，在竹籃下撒餌，當麻雀吃飼料來到竹籃的正下方時，就是捕捉的好時機；這時把撐著竹籃的棒子抽走，麻雀就會順利地關在倒扣的竹籃底下。

但是麻雀也不是傻瓜，只在籃子下撒餌牠們並不會來吃，所以要先從離竹籃稍遠的距離開始撒，一點一點自然地把麵包屑往竹籃方向撒。

只要能讓對方說「YES」就贏了！

想要說動人心也一樣，一開始先要求小事會比突然要求大事

來得順利，重要的是要先讓對方說「YES」。只要對方開口說了
「YES」，就像是踩入了麵包屑陷阱的麻雀一樣，接下來一步步往
前進，就會容易承諾大事了。

【由簡單的事情開始，再進到困難的事】

真正的要求放到最後再講，一開始先從讓對方無法說NO的要求開始。

讓會議順利進行的承諾活用法

　　如果這種方式要用在健太郎的會議上，具體來說有哪些方法可用呢？對了，用了這個方式，那一場失敗的專案啟動會議應該會變得比較有成效。

　　例如，先從小事開始。為了讓對方說「YES」，可以在說明討論事項後，試著問與會人員：「今天的會議打算依照這個順序進展下去，各位覺得好嗎？」相信這麼做，就能和之前的反應大不相同。因為在這個階段還不會有人質疑「這個討論事項不對！」，所以先引出小小的「YES」，之後的會議也就能順利進展下去了。

　　健太郎的第一次會議，因為與會人員提出「我搞不懂進行這項新專案的意義」而使得會議失敗，如果當時能好好使用麵包屑效果的話，說不定「思考新業務很重要」這件事，就可以獲得與會者的認同而說出「YES」了。

C = Commitment
　　　　承諾

第一個「C」是 Commitment，意思是承諾、義務、一貫性。

用「團隊願景」點燃團員幹勁

(Commitment ②)

讓團員充滿幹勁的魔法

剛剛我們說過「一言既出，絕對辦到」，利用 Commitment（承諾）來說動對方的效果還不算大，也就是說屬於「小承諾」。

很遺憾的，對於無視於自己已說出口的承諾的人來說，這種小承諾並不會產生效果。不過我們還是有辦法可以說動這種人，以下我們就來介紹「中承諾」和更有效果的「大承諾」。

中承諾的要點是「要對方行動」

首先，「中承諾」要做的是不只用言語，還要想辦法讓對方行動，重點就是不要光說不練，還要讓對方做些事，讓對方實際行動。

例如故事當中的健太郎，在專案啟動會議的準備階段裡，如

果可以善用中承諾的話，情況就會好很多。

比方說，可以用「請你幫我預約會議室」、「請你幫我發一下會議資料」、「你能不能跟我一起想想如何寫這些資料」等，無論什麼內容都可以，只要可以讓對方行動，就能達到比言語約定更好的效果。

這麼做可以把與會者變成「會議籌畫人員」，如此一來，在會議實際進行時就比較能聚焦。利用這種對方會希望他自己的行動、發言都能保持一貫性的心理，而將對方自動自發地推著走，就能讓對方變得更願意協助了；不，倒不如說對方會把這些事當作是自己的問題來進行會議。

大承諾的重點是「團隊願景」

接下來是大承諾，大承諾和之前的方式有點不同，特色是使用在「超越個人得失」的承諾上。

如果以運動來比喻的話，就像「團隊的勝利比個人的成績更重要」；或是在政黨的「政要綱領」當中，都會描述將來的國家願景。我們可以說政治家是靠「大承諾」來經營政黨。公司也會明確地說明公司的「企業理念」或是「公司願景」。

有名的例子，可舉SONY的創立宗旨。據說這是創業者之一，井深大先生所寫的理念：

> 應把認真的技術人員的技能予以發揚光大，
> 藉以建設自由豁達且愉快的理想工廠。

他道出超越個人得失與公司利益，身為一個更偉大的技術人員（工程師）的理想，讓人可以確實感受到「想在這一間公司工作」，以及一個「大承諾」。

那麼，要怎麼用在實際的商場呢？在我們的小故事裡，健太郎很煩惱「有沒有提高專案團隊鬥志的方法？」他所要的答案就是「大承諾」。也就是說，藉由明確指出整個團隊的理念，讓每個團員願意做出「大承諾」。

我們回到序章的小故事，來看看實際情形該怎麼做。宮城突然在努力發表的健太郎面前殺出一句：「對不起，我不太清楚為什麼要做這項專案……」這時健太郎這樣應對會比較好。

> 我了解你不懂這項專案的意義，因為你覺得我們公司的營運還算穩定，對吧？
>
> 可是我們不能一直安於現狀，你們也知道，針對健康食品業界的規範目前正在強化中，所以我們才要開發健康食品無關的新業務。想想看，這個會議室將產生五年後全公司經營主力的大型經營企畫，這不是很令人興奮嗎？
>
> 所以，現在先讓我稍微說明一下現況，我們再來想想有什麼好的想法。

故意拒絕，以獲得更大的回饋
(Return)

先給人情

那麼，我們再回到前面的「CRICSS」。

第二個字母R所指的是「Return」，意思是「回饋」。這個技巧正如其意，利用任何人都有「受人恩惠會想回饋」的心態來說動對方。

業務員交涉時的必備技能

在談生意時，這種情形在銷售或是洽談上常可見到，所以我一提應該有很多人會想到這種情形。

例如壽險業務員以前常用禮物攻勢。相信有人有這類經驗，就是女業務員不斷送你小禮物，幾次下來就會覺得必須還人家一些什麼；這種覺得應該回饋的感受不斷累積，之後就會發現自己

不知不覺買了高額的保險。

　　就算沒有頻繁地送禮，有時業務員和顧客洽談時，只是先傾聽顧客的需要，徹底迎合顧客所需，這麼一來顧客為了回饋就會真的購買商品，這就是銷售手法的王道。

　　交涉時也一樣，例如設想職棒選手在球季後進行年薪議談的場景，同樣也是「我給你什麼，然後你給我什麼」。例如，「我年薪給你提高10％，然後你下一季也是繼續當中繼投手」，或是「你可以不用幫我調薪，但是我要限制投球次數以免傷到肩膀」等。

職棒選手所使用的高段手法

　　我們也來學一下高段的交涉手法。不只是單純的「給予和取得」，而是先讓對方欠自己人情，再藉此拿取自己想要的事物。這就是名為「吃對方的閉門羹」的技巧。

　　我們再來想想剛剛職棒選手交涉年薪的範例。如果選手一開始不先「給一些條件」，而突然提出一個大要求，例如要求「明年讓我挑戰大聯盟」，這麼一來交涉的球團可能就會傷透腦筋，而斷然拒絕地說「這個辦不到」。

　　但即使這是不合理的要求，拒絕的球團也會在心理上覺得欠了選手一份人情，選手就可以利用這個欠人情的心理提出要求。

「那麼我不去挑戰大聯盟，可是你要跟我簽約三年」，球團為了償還人情債，常會悶悶地吞下對方開的條件，於是這場交涉就可以順利成立。

一開始就提出無理的要求讓對方拒絕，也就是藉由「吃對方的閉門羹」，讓對方覺得虧欠自己，這就是這個技巧的重點。

R = Return
　　回饋

日本人對欠人情債和還人情債特別沒輒，所以要好好運用這個招數。

把「影響力」擴大為「政治力」

(Influence)

善用「影響力」

接下來，CRICSS的第三個字「I」是「Influence」，意思是「影響」或「影響力」。最近愈來愈受重視的「號召力」也可說是「Influence」，不過在這裡我們說得稍微遠大一點，把它解釋為「政治力」。

公司內部政治很卑鄙？

「提起這個，就讓人感覺很討厭、很卑鄙……」有人也許會這麼認為，但實際上，想提高業務成效，就必須要提公司的內部政治。想要有「成效」，不能光只是提企畫，而是要把其他人也帶入團隊，一起運作組織這個「結構」，直到出現成效才有意義。

因此，沒辦法甩掉公司內部的政治不談，尤其是在大公司工

作的人，常會遇到「組織內的制度不合理」的事。例如，自己是「菜鳥」，提案就常常被人否決；也因為自己是菜鳥，所以該修改的提案一點都改不了，那些老鳥明明沒在工作卻加薪，又跩得要死……

這時很多人都會想：「我一定要再多掌握一些資訊，蒐集可以辯倒對方的資料。」因此去學習邏輯思考，其實健太郎也是這樣陷入邏輯思考的陷阱。

在現實世界裡只靠邏輯說不動

但是在現實世界裡，只靠邏輯是說不動的。要如何打動對方的心很重要，這也是政治力的重要性所在。其實，這也許是我到海外攻讀MBA所學到的最大重點。這個領域在歐美的商學院有很多人在研究，也出了很多好書籍。在看過一個又一個邏輯技巧後，影響我最深的是，「政治力是引出商務成果絕對必要的技能」這種想法；從此之後，研究政治力並將它表達得淺顯易懂，對我來說也變成是一個很大的課題。

而且有趣的是，在一個組織裡知道政治力技巧的人愈多，那個組織需要的政治力就會愈來愈少。

當然，現在可以順利玩弄公司內部政治的人，都有偷偷使用過本書所提及的技巧。

但是就像解除魔法一樣，知道政治力本質的人愈多，效果就愈差；政治力一旦變差，組織也可以脫離政治泥淖。

【徹底使用公司內部政治的5大資源】

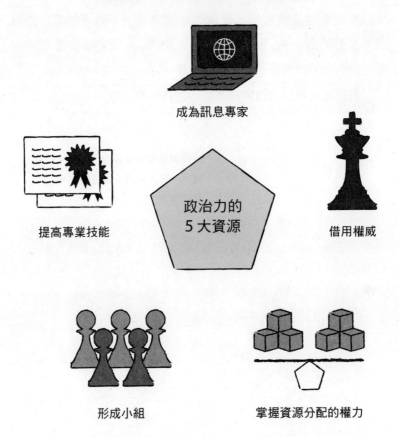

成為訊息專家

提高專業技能

政治力的
5大資源

借用權威

形成小組

掌握資源分配的權力

剛剛也說過，政治力雖是讓組織動起來的必要條件，但最好能不用就把事辦好。相信不管是誰，都會覺得待在有既定原則的組織裡比較舒服。

　　所以，請各位善用我接下來介紹的拓展技巧方式，讓你們的組織從政治力魔法中解放出來。

　　就先暫時說到這裡，讓我們具體來看一下發揮政治力的模式。我把這個叫做「政治力的五大資源」，只要掌握這五大要點，就能增加你在公司裡的發言力量。

　　我把這五種能力整理成下表，請各位看下頁。

I = Influence
　　政治力

想要做出成效就要運用到公司內部政治，請運用這五大資源提高自己的政治力。

使用公司內部政治力的五大資源

1. 成為公司內部的包打聽	
方法	掌握公司內各部門「哪個人在做哪些事」的消息,成為部門間的消息流通人士。
效果	讓公司各路人馬都覺得你「這個人的人面很廣,知道各種消息」,而對你另眼相看。
2. 借用制式權威	
方法	成為上司與幹部的中間人,事先了解決策流程等。
效果	可以在自己的發言或要做的事情附上一句「上司說的」或是「公司決定的」。
3. 掌握資源分配的權力	
方法	提出新的公司內部制度,例如「創設MVP(最有價值員工)制度而且表揚員工」等,並且成為制度負責人。
效果	對新的制度會造成很大的影響力,而且制度的規模愈大效果愈好。
4. 將意見相同者組成小組	
方法	這和以前的公司派系不同,其人員組成和討論過程都是公開的。
效果	並不是集結部分人士祕密行動,而是加入許多人員使行動步調加快。
5. 提高專業技能	
方法	培養只有自己有的專屬技能,讓人認為「這個工作只有〇〇可以勝任」。
效果	成為公司內部的「潛在實力者」,可以擁有跨部門的強大影響力。

優秀業務員最愛用的
「比較」魔法
（Comparison）

> ## 無理要求也可以輕鬆過關

接著，我們來看CRICSS的第四個字母「C」，也就是「Comparison」，意思是「比較」。

買車就是一個好例子。假設車子的價格是200萬日圓，這時顧客會開始議價，希望業務員「降價」。業務員也只能不斷搔著頭說：「啊，真為難啊！」心想這個顧客態度很強硬，表現出一副為難、困擾的表情。

但是當價格談定，要開始談車內各種附加商品時，狀況又不一樣了。例如安裝衛星導航系統時，最新機種價格高到30萬日圓，但是跟剛剛汽車以200萬日圓成交的高價位相比可就顯得便宜多了。於是，顧客會很乾脆地說：「就這個吧，幫我裝這個最新的機種吧。」而剛剛苦著一張臉的汽車業務員，這時也會笑嘻嘻地為客人服務。不像車子這麼高價位的商品也是一樣，例如買

西裝時，5萬日圓的西裝和7千日圓的領帶，各位覺得店員會先從哪一個開始介紹？當然是西裝。只要顧客決定買5萬元的西裝之後，就會覺得接下來的7千日圓「比較」便宜。

C = Comparison
比較

利用「昂貴、便宜」和「快、慢」等比較心理

令人怦然心動的限量感！

(Scarcity)

祭出「限定」兩字可以提高對方的擁有欲

CRICSS的第五個字母「S」代表Scarcity。各位也許不是這麼熟悉這個單字，它是從英文「scarce」（不足的）這個字來的。我們先不討論這麼難的語源，總之，這裡要講的是「限定」。

例如一聽到「季節限定商品」、「一天只提供100份拉麵」，不知不覺就會很想擁有。或是網路購物時，看到商品上面寫「只剩最後三個」，就會覺得「要趁現在買」，因而按下了購買鍵。

在商場上要打動人心，可以高明地利用這種「限定」的心理。例如健太郎在選擇團隊成員時，可以先傳達出「只『限定』部分同仁加入」或是「這項專案的成員可以看公司『限幹部閱讀』的資料」。這樣應該可以提高專案成員的幹勁。

公司在用人時都會先經過面試，這時在面試條件上寫「限定」，有時會讓面試者覺得「這是為了讓某個內定的人進來」；但這種「限定」條件，也可能會讓面試者認為「這間公司不是任何

人隨隨便便都能進得來」的感覺。

S = Scarcity
限定感

人們常常對「限定」、「只有」這些
字眼特別沒輒。

人人都做得到——
「讓人喜歡你」
(Sympathy)

> **釋出好意，一定會得到善意的回應**

　　CRICSS最後的「S」是「Sympathy」。意思為「同感」，也就是「讓人喜歡你」。

　　任何人都一樣，喜歡對方的話就會想為對方做些什麼，如果討厭對方，不管對方是不是很有道理，就是會想各種理由讓對方做不下去。

　　所以只要能讓對方喜歡自己，就能容易啟動對方心中的那個按鈕。

　　但是，「要怎麼樣才可以讓對方喜歡自己呢？」當中的特效藥就是「要認定對方的存在很特別」，在心理學上稱為「共融感」（rapport），運用這種方式來和對方建立起信賴關係。

　　「想要讓自己受人喜歡，就要先向對方釋出善意」，雖然這看起來好像只是一種「心境狀態」，但其實是一種非常厲害的招式。

不用說，每個人一定都喜歡自己，也喜歡認同自己的人。

接下來將在第三章詳細說明如何營造和諧的氛圍以及具體的技巧。

S = Sympathy
同感

「想受人喜歡就先向對方釋出善意」
是一個非常厲害的招式。

為什麼CRICSS能奏效？

基於進化心理學的理論

我們花了幾個篇幅介紹了CRICSS法則。各位覺得如何？

應該有許多人會覺得恍然大悟而躍躍欲試了吧。接著我們要來說說為什麼CRICSS的方式能夠奏效。

生物和心靈都會不斷進化

這裡的關鍵就是「進化心理學」。

腦袋轉得快的讀者應該已經想到，這是將達爾文所提倡的「進化論」，放進心理學領域的「進化心理學」。順帶一提，「進化論」指的就是所有生物都會進化，成為最適合生存於所處環境的形態。

例如同樣的鳥類，會隨著居住的地區不同而有不一樣的鳥喙形狀，這就是進化論的代表例子。

在「進化心理學」裡，人的心理機制也和鳥喙一樣會逐漸適應環境。也就是說，300萬年前人類誕生時，人類的心理還十分單純，只有「怒」、「哭」、「喜」等原始反應。但是要在嚴苛的環境中生存下去，完成讓自己的基因能留到下個世代這件重要「大事」，心理機制上就必須具備各種「合理性」。這就是「進化心理學」所談論的概念。

人類花了200萬年的歲月終於做到

例如「大承諾」。

「超越自我個人，成為團體的一部分」，為什麼會是合理的心理機制？為什麼會和自我生命延續，基因留給下個世代有關？

這是因為在心理機制上，如果要保護自己不受侵略者或野外的熊所欺侮的話，加入大型的、強勢的團體會比較有利。

「回饋效果」也是一樣，受人恩惠卻不回饋的話，在人際溝通上容易遭受群體排斥在外，這種恐怖感就使得「回饋效果」變成一種有效的技巧。

依進化心理學理論，人類的心理據說從200萬年前人類誕生以後就不斷地進化，大約在10萬年前完成。這是花了長時間才鞏固起來的演化，所以身為現代人的我們就算想用大腦理性判斷，也很難抵抗心理機制，這也是CRICSS為什麼有用的原因。

心理學世界權威的研究成果

有關CRICSS法則請參考心理學世界權威羅伯・齊歐迪尼（Robert B.Cialdini）教授的暢銷書——《透視影響力：人類史上最詭譎、強大的武器總析解》的研究內容。

書中從「如何說動人心」的觀點來介紹各種例子，是一本相當有趣的書籍。請各位一定要讀一讀。

筆者雖住過美國，但受影響最深的階段還是歐洲的兩年留學生涯，所以CRICSS的架構是參考齊歐迪尼教授的研究，以及自己體認歐洲異域文化所學到的經驗為底，再擷取日本人絕對需要的要素所得到的成果。因此希望讀者當中也有像健太郎這樣的團隊領導人，能運用CRICSS的招式提高成員的工作士氣，發揮出最大「實力」。

本章的小故事中，上司小澤問健太郎的一句話：「這就是你們盡了全力的表現？」，其實就是詢問健太郎是否用了CRICSS法則，激勵出團員的最大能力？

另外，書末的參考文獻，有我以往的研究書籍一覽表。另外還加上我建議必讀的十本書，想提高溝通技巧的人請一定要看看這些書籍。

第三章

派得上用場的五項心理技巧

你覺得第二章的「CRICSS法則」如何呢？希望這些說
動人心的大原則對讀者有參考價值。以下是實踐篇，
介紹隨時隨地都能派得上用場的五項心理技巧。

健太郎的祕密武器

健太郎從上司小澤那裡問到説動對方心理的法則，並且加以運用，使得團隊氣氛為之一變。現在我們就來看看具體的技巧。

＊　　＊　　＊

「健太郎，你看一下！」

宮城亮太拿著報告叫健太郎。宮城像往常一般精力充沛，對報告充滿自信的樣子使得他的眼神比平常更閃耀著光彩。

宮城笑著説：「我已經算出市場規模和成長率估計值，這個企畫案絕對可行！」

「絕對可行啊！」

也許是看到健太郎的正面反應，宮城更得意地繼續講下去

「而且從收益角度來看也不錯，『食育』可以探討的層面很多，不過還是要先討論飲食安全才對，因為有很多人『就算要付錢也想學』。」

「『有很多人』這話真是宛如一劑強心針，多虧你想到這個層面來。」

「沒有啦，這是最近和高垣他們其他人討論之後想到的。你

看，最近大家眼神中閃耀的光芒都不太一樣了，原本只是想閒聊一下的，不知不覺間變成激烈討論，所以很多點子自然而然就這樣冒出來了。」

健太郎所領軍的「食育」專案現在也漸入佳境了。前些日子的中期報告，小澤上司的一句話「這就是你們盡了全力的表現？」點醒了健太郎，之後這句話就成為健太郎和成員一一討論時的提醒，也因此讓整個專案的運作開始有了突破性的進展。

就連剛開始個性稍微奇怪的那位成員，也一副打從心底想要「做出一番成就」似的，開始認真地討論（好像等不及健太郎行動似的），變成了一個可以真心互相討論的伙伴。而改變最多的就是這個傢伙了⋯⋯

宮城亮太在健太郎面前老王賣瓜地說：「我的調查能力也很不錯吧！」當初在專案啟動會議時，只覺得他是個傲慢自大的人，那時被他的態度嚇到而且覺得不快，但是漸漸了解他之後，發現他是個表裡如一、工作超拚命的人，而且他也是個能帶動整個團隊氣氛的人。

健太郎使用了許多從小澤上司那裡學來的方法，突然想到和宮城曾有過「單刀直入對話」的階段。

＊　　＊　　＊

「宮城，老實說，你覺得這個計畫該怎麼進行？」

會議結束後，偶然間在一個剛好只有兩個人的時機，健太郎試著詢問宮城。宮城儼然一副「等你好久了」的樣子，開始侃侃談出自己的想法。

　　儘管當中有誤解，也有因為經驗不足而顯得過於先入為主的建議。可是在耐心地互相討論之後，宮城也感受到「原來青木也是可以講得通的人嘛」，而願意推心置腹。

　　健太郎抓住這個機會，告訴宮城自己身為專案經理的感受，並且提醒他要注意會議時的行為，宮城也很快就認同了。

　　「不過最近大家真的變化好多啊，健太郎你是不是有什麼祕密武器啊？」

　　健太郎笑著說：「我只不過是問大家，難道這就是你們盡了全力的表現？」

「神探可倫坡的技巧」：
讓人不小心講出真心話！

五項心理技巧

上一章提到的「CRICSS法則」，在思考如何「說動人心」時，它可以說是基本規則。

話雖如此，也許有人會說：「我也知道法則，可是有沒有實際馬上就能使用的技巧？」

第三章就來介紹我自己以「CRICSS法則」創造出來的五個心理技巧。

兩個故事的共通點是什麼？

請各位看一下序章和第三章的小故事。

不知道各位有沒有發現，「健太郎和小澤上司的溝通」，和「健太郎和宮城的溝通」，兩者之間其實有共通點？

小澤上司在專案啟動會議發表失敗時，發現健太郎想要隱瞞內心不安，於是使用了誘使健太郎說出真心話的技巧；另一方面，健太郎也在宮城對專案企畫抱持不滿時，引導他說出真心話。

　　各位應該也有這樣的經驗，明明彼此說出真心話可以讓討論變得更有意義，卻受囿於自尊或立場等因素，而讓自己無法講出真正想講的事。

學學神探可倫坡！

　　那個時候，小澤使用的就是「可倫坡技巧」，「進入對方內心聽出他真正想講的話」。

　　這個想法來自美國經典電視劇《神探可倫坡》（ *Columbo* ）。這是個每集長度一小時的電視劇，劇情一開始都是發生殺人案件，而且也已經鎖定犯人，接下來就是由可倫坡警探把犯人逼到走投無路，要他承認自己殺人。這當中的緊迫氣氛正是電視劇的精采之處。

　　話雖如此，犯人大多是有錢有腦袋，屬於上流階級的人，用一般的辦案方式沒辦法讓這種人吐出真心話。

　　這個時候可倫坡警探就會試圖讓對方鬆懈下來，例如會先告訴犯人「這都只是形式上搜查一下而已」，然後聽取犯人當天的

不在場證明，再擺出一副完成一件工作的樣子説：「我懂了，沒有什麼奇怪的地方。」這時犯人就會覺得「真好，沒有漏餡」，但即使頭腦再好的犯人也都會稍微鬆懈，可倫坡警探就會在臨走前趁機回頭問犯人：「啊，對了，還有件事要跟您問一下……」犯人被這麼不經意的一問，往往會不自覺地講出不想講的實話。

把虛榮、自尊趕走的技巧

這也是序章小故事所使用的技巧。

健太郎想要隱瞞自己在重要會議上的失敗，這時即使真心給健太郎建議，他也會開始自我防衛，心裡覺得「不，我沒有做錯」，而根本不會願意傾聽建議。所以要先告訴他，「那就交給你了！」讓他先卸下心防，之後再突然丟出「老實說，很辛苦對吧？」來引導他說出真心話。

健太郎對宮城用的方法也一樣。對於宮城有所質疑的心情，他營造出「這裡只有我們兩個人，想説什麼盡量説」的情境，來化解宮城的心防。

只要能夠了解重點，就能很簡單地看出該如何做，重要的是，要先了解說動對方的方法。從前面一路看下來，我們知道只靠邏輯理論是説不動「人」的。在會議中也會有人説：「道理我都懂，但是……」在用道理説不清的情況下，就看能不能像可倫

坡一樣直搗對方內心真正的想法，這也是決定業務員價值的重要
技能。

【用神探可倫坡的技巧來卸下對方的心防】

商場上常會因為虛榮和自尊而使得狀況變得很複雜，這時
可用神探可倫坡的方法來把這些礙事的心態通通吹走。

讓人人都無法拒絕你的「搭訕話術」

重點是「緩衝物＋要求」

　　接下來我們來學學原本無法向棘手的人開口，現在卻能流利暢談的「搭訕」話術。這種話術正如其名，是從「搭訕」，也就是在路上對陌生女子打招呼的方式延伸出來的。目前已經證實這種話術在商場上也可以達到驚人的效果，而且這方式很簡單，就是「在請求對方協助之前，先想辦法讓他卸下警戒心」。

「你有時間的話（緩衝物）＋這件工作可以麻煩你嗎？（拜託的事情）」
「等你現在手邊的工作告一個段落後再來做就可以了（緩衝物）＋這件工作也麻煩你了（拜託的事情）」

　　就像上面文句的模式一樣，在附上前提條件之後，再說出真正要拜託的事情。

事實上，這種話術效果好得驚人。對方接受的狀況也不相同，更令人高興的是自己可以拜託得很輕鬆。

順帶一提，這種話術用在真正的搭訕上似乎也很「有效」。

也就是說：

> 「你有時間的話（緩衝物）＋我們一起去喝個茶吧（拜託的事情）」
>
> 「如果要去澀谷的話（緩衝物）＋去酒吧喝一杯吧（拜託的事情）」

這種話術可以提高搭訕的效果，倒是有點令人意外。

搭訕不就是徹底死纏對方的一種對話手法嗎？雖然通常大家會這麼想，但其實我打從心底崇拜的搭訕專家曾說過，「搭訕時稍微給對方思考的時間」是很重要的事。

專家竟然這麼說，也許真是這樣沒錯。搭訕是被不認識的人邀請，一般來說，受邀的人如果沒有時間讓自己的腦袋整理一下的話，半數都會自動說「NO」；但如果稍微有一些思考時間的話，或許就會認為「也許可以啦……」而接受。

在所有的談話情境下都很好用！

而且從「讓對方容易接受未知的邀請」的層面上來看，這種搭訕話術可以無限拓展應用範圍。無論是職場、家庭、交友，在你想要拜託別人時都可以善用這種搭訕話術。

　　比方說，在職場上應該有遇到棘手的傢伙吧？

　　其實對方也不是壞人，只是讓人覺得難以接近，或是跟他講話時總覺得不舒服，而不自覺想要避開這種人。但是有時自己手邊的工作真的就只能拜託這種人的時候，就可以說：

> 「如果你方便的話（緩衝物）＋可以麻煩你幫忙輸入資料嗎？（拜託的事情）」

　　這些台詞都可以用，如果想不出要用什麼當緩衝物的話，可以說：

> 「如果方便的話」
> 「如果○○先生/小姐方便的話」

　　只要加上這一類的話語，就可以提高對方接受的機率。還有，使用這種搭訕話術，即使遭到拒絕也不會心生不悅。而且這個話術配合87頁說明的「吃對方的閉門羹」技巧，就可以發揮更卓越的效果。請各位無論是在商場或日常生活都一定要使用看看。

「澆水應答法」的
「repeat」魔力

愉快的對話要像「澆水」一般

　　如果說「搭訕」話術是開啟會話的方式，那麼大家接下來可以試試延續談話的「澆水應答法」。

　　「澆水應答法」是把對方說的話原封不動重複一次。會取這個名字，是因為我們稱呼多次重複相同的話叫做「澆水論」。

　　我們再回去看一下序章的小故事。

> 「對專案來說，團隊裡有各種人才是一件不錯的事，但我懷疑他們是不是真的有心想執行這項專案。」
> 小澤像是沉思般地低語：「是喔，不知道他們有沒有心想做啊。」

　　各位應該也看出小澤上司重複健太郎的話：「不知道他們有沒有心想做啊。」

也許有人會覺得，「這個技巧就這麼簡單嗎？」其實光是這個技巧就可以產生卓越的效果。

這是因為要重複對方的話，就要專心聽對方講些什麼，光是這樣就可以讓對方覺得「你在聽我講話」，也就是說間接地對說話者傳達出「我認同你」的訊息。

透過重複話語這種單純的「形式」，來告訴對方自己「認同對方存在」。用這種方式構築信賴關係，正是「澆水應答法」的本質。

順帶一提，各位有沒有遇過造成反效果的「澆水應答」？有沒有過在講話時，突然產生一股「算了，我不想再講下去了」的感覺？

這種時候多半是對方對你講的話一一追根究柢地問，或是一直插嘴說「我是這麼想的啦……」，在不是很重要的論點上煞有介事地打斷談話。

這也是我稱這個方式為「澆水應答法」的另一個隱含意義。就像「話裡開花」（談話愈談愈熱烈）一般，應答時抱著「給重要的花澆水」的意念，就可以讓會話順利進展，也就是說要避免：

追根究柢地問

從中打斷談話（就像折斷花莖一樣）

拘泥枝微末節

要在適當的時間點應答，才能讓話題「綻放」得燦爛。

不過講話就和種花一樣，要注意不要澆太多水，這個技巧不要用得太頻繁，就像花澆太多水會從根部腐爛一般，這個技巧用多了會有反效果。

在對話裡，當對方跟你說「你不需要每句話都一一確認啦（生氣）」的時候，就是你使用太多澆水應答技巧的證據。「澆水應答」的正確比例大約是五次中應答一次左右。

也許各位也聽過「重複對方談話」的說話術，但是如果不知道「不要用得太頻繁」的訣竅，就很容易陷入新的困境裡。在我的經驗裡，和男性應答時這種方式不要用太多，比較能讓話題進行得順利。

從此不再口難開──
「ㄞˋ」的溝通法

不管任何時候主詞都是「ㄞˋ」

商場上的溝通，最困難的地方是有時必須跟對方講難以啟齒的內容。

單純應答對方、讓話題熱烈的溝通方式，只能用在閒聊；在實際的商場上，有時不得不講一些讓對方聽了刺耳的內容。

最典型的就是上司對下屬的回應。尤其最近有不少公司設計了一些需要傳達評量的面談，例如要告訴部屬缺失、讓部屬改變行動時，就必須對部屬講一些刺耳的話，這時有用的話術就是「ㄞˋ溝通」。

「ㄞˋ」，可以說是「愛的溝通」，也可以說是「眼神接觸」（Eye Contact）。也就是說，要看著對方的眼睛講話，而當中最重要的是英文I、My、Me的「I」。重點就是要經常把主詞放在「我」身上。讓我們來看看具體的例子，也就是小故事中小澤先生說的話。

> 「首先，我覺得今天的會議，成員的情感沒有凝聚在一起……」
> 健太郎本以為小澤會很嚴厲地斥責，沒想到竟是以和緩的語氣開始談話，這使得健太郎不禁認真地傾聽小澤的說話內容。

　　說話冷漠的確很像「鐵腕」小澤的作風，但他的主詞是「我」。注意看「我」出現的位置，小澤是傳達自我感受，所以讓聽話的健太郎較容易接受。

如果主詞是「你」

　　即使是相同的內容，如果主詞改變，印象就會差很多，我們來實驗看看吧。

> 「今天的會議，你這個團隊的成員情感沒有凝聚在一起。」

　　這句主詞是「You」，也就是把主詞換成「你」的話，整句話就覺得是在指責對方，這時對方就只能生氣地說「你幹嘛！」或開始自我防衛地說「沒這回事」。再舉另一個例子。

「今天的會議，他們的情感沒有凝聚在一起。」

把主詞換成「They」，也就是「他們」的話，感覺好像是把責任推到不在場的人身上。所以主詞還是得盡量用「我」

「首先，我覺得今天的會議，成員的情感沒有凝聚在一起……」

對於講這句話的人，應該不會有人否定說：「不不不，小澤先生，你不應該有這種感覺才對。」反而會覺得：「原來你有這樣的感覺啊！」在了解對方的想法之後，才提出：「不過，我是覺得這樣……」等具有建設性的言論。

用故事打動人心的
「PARL 法則」

說話的順序是「問題、行動、結果、學習」

那麼我們將技巧篇做個彙整，介紹幾個可以先學起來，說動對方的話術。

尤其是那些學習理論思考，強烈地想要把話講得有邏輯的人，其說話方式常會把重點條列式地組織之後講出來，並且容易陷入序章裡我們介紹的「令人痛恨的邏輯思考」中，所以在這裡我們稍微轉換一下想法。

例如，在小故事裡小澤上司使用「ㄞˋ溝通」是好的開始，但之後若開始用邏輯式的溝通方法，說「青木你有三個地方改一下會比較好，第一個是……」，這種溝通方法，相信聽小澤說話的健太郎是沒辦法乖乖接受吧。

重要的是「故事感」

這裡的要點是「故事感」。

說話有趣的人特徵是「生動、有臨場感，而且說話有要領。」在商場上大家也逐漸認為「說話有故事感很重要」，尤其愈接近企業權力核心，這個技巧就愈重要。這是那些被稱為「夢想家」，描繪出足以改變企業架構的遠大夢想者不可或缺的要素。

　　但是要怎麼做才能將話說得有故事感？這時就要靠「PARL法則」。只要照這個規則來講話，任何人都可以講得很有趣，說話有要領。

　　我們來看具體例子，想像一下序章小故事的後續，小澤上司和健太郎說話的情形。在一般的職場裡，就算要直接給予「工作時說動對方很重要。」的建議，也沒辦法說動健太郎這種思慮僵在「邏輯性的溝通才重要」的人。因此在這裡我們要運用「PARL法則」。

【令人感受到談話有故事性的「PARL法則」】

P　Problem　自己抱持的問題

A　Action　解決問題的行動

R　Result　行動的結果

L　Learning　從一連串的體驗當中學習

照著P（問題）、A（行動）、R（結果）、L（學習）的順序展開對話，就能在「說動他人」這件事上展現絕佳的效果！

> P：「青木，你應該也知道我們公司以前有進軍美國的計畫
> 吧？當時的負責人就是我。那時真的很辛苦。因為對方是美
> 國人，所以我以為用邏輯應該說得通，但他們很自負，光用
> 道理根本說不通。」
> A：「所以我中途改變作法，努力讓對方了解為什麼需要這
> 個業務，感覺就像在做日本人常做的事前疏通工作。」
> R：「這麼一來，團隊的運作就有了大幅度的進展，之後整
> 個團隊的競爭意識變強，工作得好拚啊。」
> L：「商場上，尤其是從如何打動人的觀點來看，只靠邏輯
> 溝通是不行的，必須說動對方的心才可以。」

相信以這種模式來說話，健太郎才有可能會說「原來如
此」，而願意接受建議。

把「體驗談」和「教訓」合而為一

再仔細來看，可以發現前半的「PAR」是具體地道出自己的
經驗，後半的「L」則是抽象的教訓以及講述學習重點。同時兼
顧這兩個層面是相當重要的，如果只說「L」的部分，就會覺得
對方在碎碎念說教，讓人聽不下去。

相反地，如果只說「PAR」的部分，可能會是個有趣的故事，但是會讓對方覺得「然後呢，又怎麼樣？」以說動對方心情的觀點來看是沒有效果的。把「體驗談＋抽象化的教訓」融合為一，在這裡面即隱藏了「PARL法則」的有效祕訣。

攪動團隊幹勁的「勁敵」

> ## 創造「敵人」，藉由打倒敵人來提高團隊整體感

　　如果健太郎知道 PARL 法則，在啟動會議面臨宮城的發言時，或許就不會被影響地這麼嚴重。當初宮城質詢「我打從一開始就不太清楚為什麼要做這項專案……」時，他只要切換成 PEMA 法則（使用 PARL 的法則）來應對就可以了。各位還記得嗎？我們 85 頁介紹過健太郎最佳的回擊方式。看過那個例子之後，也許有人會覺得「當初只要會那樣的應答就不用這麼辛苦了嘛」，這都是因為健太郎還沒有一個「型」的緣故。

　　在具體說明之前，我們稍微來想一想。不管是企業或是國家，上司要對部屬演說時，是如何挑起聽眾氣氛的？

　　當然挑起氣氛的因素很多，不過最重要的是傳達給聽眾「進行一個大挑戰，改變現狀」的意念。將這種意念，按照以下說話順序歸納整理出來就是「PEMA 法則」。

Problem（問題）

  ↓

Enemy（引起該問題的對手，強大的敵人）

  ↓

Mission（使命，打倒強大敵人的使命）

  ↓

Action（行動，就此步出第一步）

這不只是在商場上，只要是有領導風範的人都會用這種方法。例如已故的前蘋果公司CEO賈伯斯（Steve Jobs）在發表會上的表現被評論為「神級」，也是因為他擅長運用PEMA法則的關係。

連賈伯斯也用PEMA

各位有沒有看過賈伯斯在產品發表會上介紹iPad？在YouTube就可以找到影片，請各位一定要上去看一下。在那個iPad的發表會上，筆電被當成是iPad的「勁敵」。

賈伯斯先製造「小筆電沒有任何比iPad更好的特點（netbooks are not better at anything）」、「小筆電的電池續航力不持久」

的現場氣氛之後，再介紹說「解決這些問題就要靠iPad」。

這比他只說「iPad很輕而且很薄」、「充電一次可以使用十小時」還要更具有衝擊效果，賈伯斯光靠這些說詞就可以輕易擄獲聽眾的心。

歷史上擅長演說的人也一樣，例如二次世界大戰時，英國首相邱吉爾為了鼓舞國民而發表的演說：

> 希特勒他知道如果不能壓制我們大不列顛，這場戰爭就會輸。只要我們能夠守住英倫三島，歐洲就會開放，世界就會邁向充滿希望之光的境界。如果不能守住英倫三島……全世界就會墮入黑暗的深淵。……正因為如此，且讓我們勇敢地承擔責任與義務，如果大英國協得以留存千年，人們仍然會說：「這是他們最光輝的時刻。」

必須打倒希特勒這個「強大的敵人」，這是英國國民的使命（Mission），即使是千年後的未來依然可以為人歌頌的使命。邱吉爾就是高明地運用了PEMA的法則。

前首相小泉純一郎受人支持的理由

日本人當中很少有光靠演說就打動人心的人。若要說例外，

就屬前首相小泉純一郎了。「小泉改革」的使命，就是藉由創造出「抵抗勢力」這種強大的對手，讓他增添光芒，所以國民才能夠全部往前邁進。結果就是投票給小泉。

　　擅長專案管理的人，會在每一個環節使用PEMA來發表演說，或是創造活動來挑起民眾情感，藉由這些手段來加強成員的團結力。健太郎還沒學會這個技巧（或是不懂這個技巧），他的專案經理人的生涯還是有許多課題正在前方等著。

第四章

可實際運用的邏輯思考術

我們將「邏輯」與「心理」分開，分別介紹了可以將它們運用在工作上的方法。接下來是本書的最後總結，也就是本書主題「用邏輯掌握，用心理說動」，請把這些技巧變成自己的技巧。

健太郎的說話策略

健太郎秉持著「用邏輯掌握，用心理說動」的原則來推動團隊成員的士氣。專案進行的速度開始加快，並趁勝進行「公司內業務」，然而……

*　　　*　　　*

「健太郎，課程和『教授陣容』的方案已經擬好了，如果你有時間的話就看一下。」

企畫小組組員高垣所提出的文件裡，寫了許多小組所提的新業務核心概念。小組決定把「建立體系提供學習食育的環境」的想法稱為「SLOBIS食育大學」。

當指導內容提升為思考層級時，工作內容主要是經營業務的健太郎和宮城就先退至一旁，而由處理商品開發的高垣為主軸。這個企畫小組可以讓一個個的想法成型，一定是因為健太郎訂定了「透過食育讓日本人用餐時變得快樂」的商業使命之後，再由高垣負責擬案執行的緣故。

小澤上司在看過高垣彙整的提案文件之後，建議說：「如果真的要做，就要趁現在先做好事前疏通的工作。都已經做到這個

地步了，不實行下去就太可惜了。」接受了這個建議之後，健太郎接著走到公司的公關部門。負責和媒體聯繫的公關部門是可以讓更多人知道「食育大學」的關鍵部門，只要能讓他們認同「透過食育讓日本人用餐時變得更快樂」這個遠大的目標，就等於得到一個強力的支持者。健太郎踏著輕快的步伐走向公關室，沒想到……

＊　　＊　　＊

「小澤先生……」

一小時後，健太郎垂頭喪氣地出現在小澤面前。

「嗯？怎麼啦？」

「您說要先做好事前疏通的工作，所以我想說先去公關部，問題是對方根本不當一回事……」

「公關部？你指的是音部嗎？」

「是的。」

小澤所說的「音部」，正是公關部部長音部藍子。她雖然年輕，但卻是一手包辦SLOBIS公關業務的人，據說連堀越社長在她面前也抬不起頭來。

「我以為已經跟音部講得很清楚了。我跟她講說希望能透過食育讓日本人用餐時更快樂，希望能夠讓她認同……」

健太郎一籌莫展地說明，小澤上司帶著「這樣不行啊」的表

情看著他説：

「青木，你有沒有聽過『因材施教』這句話？」

「啊？我是有聽過啦……」

「那麼，你覺得音部這個人怎麼樣？」

「嗯嗯，與其説她漂亮不如説她屬於可愛型……」

健太郎不加思索地説出真心話，小澤上司嘆了口氣，帶著「我不是那個意思」的表情看著健太郎。

「我不是那個意思，我是説人的分類，是要你依照每個人的特質進行分類，配合金字塔架構來應對。」

健太郎沒想到小澤上司會説出「金字塔架構」，因而覺得驚訝。繼續聽下去之後，發現「好像以前也聽過這些話」，那是健太郎以前學邏輯思考時所聽過的內容。的確，在剛開始學時，自己沒辦法好好地進行邏輯思考，沒辦法滿意地做出金字塔架構，但現在小澤上司的每一句話，都像是一塊塊的拼圖一般，在腦海中逐漸拼湊出一幅巨大的圖畫，這也是因為有了之前學過的邏輯思考作為基礎才有的聯想。

健太郎自言自語，似乎是在對自己説：「原來邏輯思考並沒有白學。」

邏輯是方向盤，心理是引擎

本章節將就至目前為止的內容做個總結。

要實踐「用邏輯性的思考說服人，用心理的溝通來說動人」，首先要知道：

邏輯是方向盤
心理是引擎

我們用這類比喻，就是希望各位能記得它的重要性。

在商場上，邏輯（方向盤）所說的就是決定事物的方向性。這十年被稱為是「邏輯思考流行期」，我們已經過了「追上歐美、超越歐美」的時代，日本現在需要的是，「必須用自己的腦袋來思考前進的方向。」也因此日本人的邏輯思考能力有了大幅度的成長。

【邏輯是方向盤，心理是引擎】

邏輯＝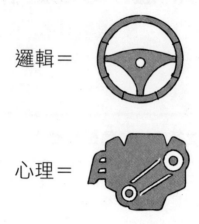

心理＝

用邏輯來控制，用心理來啟動。
如果用車子的方向盤和引擎來聯想，就比較能夠理解。

　　但光是這樣還不行。如果只是轉方向盤，車子不會前進，所
以需要引擎作為推動力。商場上也一樣，透過邏輯思考出結果，
決定要做的事情，並不表示公司所有成員就會團結一致地去執
行，所以需要本書所介紹的說動心理的方式。

「邏輯」和「心理」雙管齊下

邏輯 × 心理

　　想要引擎全開，使用各種方式來說動對方時，也應有相對應的方向盤可操控，也就是邏輯的表達方式。

　　實際上，邏輯的表達應該因應對象的不同而改變，「對Ａ這種理性的人要用〇〇方式，對Ｂ這種熱情的人要用××方式」。

　　但是，以往邏輯思考的前提是：「邏輯是萬人共通的，任何人都可以用相同的傳達方式。」

　　結果就陷入了「要講的都知道但是卻沒辦法打動人心」的陷阱裡。

【可以用邏輯組成框架，並且用心理彈性地搭配】

邏輯是決定方向的方向盤，
心理是負責往前推動的引擎。

將各種根據歸類
（邏輯）

根據要維持一貫性

接著，我們再來看一下第一章健太郎和他的部屬所畫出的金字塔架構。

這個金字塔架構還沒完成，其實裡面的內容還可以再稍微整理一下。這或許可以說是資料分類，因為各種資料混在一起，會讓聽話者覺得有點複雜搞不清楚，「咦？你現在說的是顧客的事情？還是和對手之間相互競爭的事？」因而產生疑惑。

將根據彙整在相同的類別裡

這裡要告訴大家的是「彙整」的思考方式，也就是一個能將訊息確實彙整在一個類別裡的檢查表。

現在我們試著把顧客（Customer）、競爭者（Competitor）、本

【將目前的訊息整理之後會變成如何？】

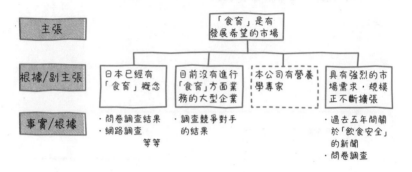

一個主張裡有「顧客」和「競爭者」兩個不同導向的根據混在一起

公司（Company）的「市場行銷3C」等經營學架構，套入之前健太郎團隊製作的金字塔架構當中。

　　若對「市場行銷3C」不太熟悉的人，可以參考本書附錄的「八大商業架構」。

把根據依取向的不同作區分

日本已經有「食育」的概念
日本有強烈的「食育」需求，規模正逐漸擴大中

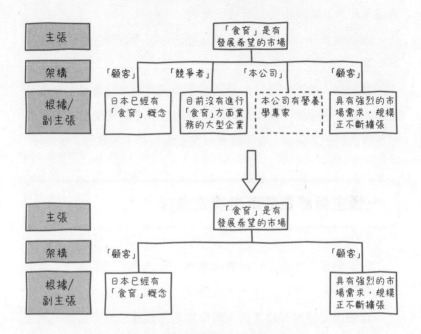

【整理架構，去除不必要的根據】

主張 — 「食育」是有發展希望的市場

架構 — 「顧客」　「競爭者」　「本公司」　「顧客」

根據/副主張 —
- 日本已經有「食育」概念
- 目前沒有進行「食育」方面業務的大型企業
- 本公司有營養學專家
- 具有強烈的市場需求，規模正不斷擴張

主張 — 「食育」是有發展希望的市場

架構 — 「顧客」　「顧客」

根據/副主張 —
- 日本已經有「食育」概念
- 具有強烈的市場需求，規模正不斷擴張

資料整理後，雖變得一目了然，
但支持主張的根據卻變得很薄弱

看了這個圖表，可以發現將來購買這項服務的客人，會以為架構中的市場所指的是：

「目前沒有進行食育方面業務的大型企業」

這樣這個表就會變成是在討論如何在市場上競爭，而非食育這個市場，我這麼說各位了解了嗎？

因為這個架構將不同的訊息放在一起，所以讓對方的腦袋變得混亂。

或許有人會問，這樣的話，是不是將「目前沒有進行食育業務的大型公司」這項拿掉，就不會混亂了呢？若這麼做，可以看一下圖表的下方架構，會不會覺得整個圖看起來太單薄了呢？

一個主張需要多項根據來支撐

覺得圖表下面的架構感覺很單薄，是因為一個主張（「食育是有發展希望的市場」）只有兩個根據在支撐的關係。

區分出主張和根據之後，再以複數的根據來支撐主張，讓主張變得「強而有力」，是邏輯溝通的基本原則。這麼說來，上面這個架構該如何修改比較好呢？我們可以就下面的項目進一步來思考。

整理架構提高說服力的方法
（邏輯）

架構要能因應需求而調整

我們要再來說說架構，將前面所提的架構再次拿出來討論，看看是否能增加說服力。

首先，我們先來複習一下前面說過的「架構」的組織方法，請看下一頁的圖表。

圖表上半部是訊息零散的狀態。將這些零散的訊息整理成「大而薄的書籍」和「小而厚的書籍」兩類之後，就得到像圖表下半部的類別，相信這樣就能一目了然不容易出錯，但這並不是唯一的正確解答。

若用「直寫的書」、「橫寫的書」來分門別類，就可以擁有另一種截然不同的分類方法。

也就是說，看似整理好的資料，也會因為分類方法（觀點）改變而變成完全不同的類別。

【改變觀點就可以產生不同的架構】

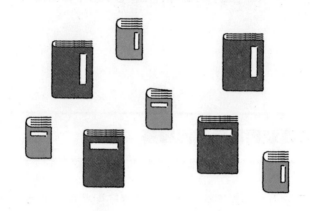

大而薄的書籍　　　　　小而厚的書籍

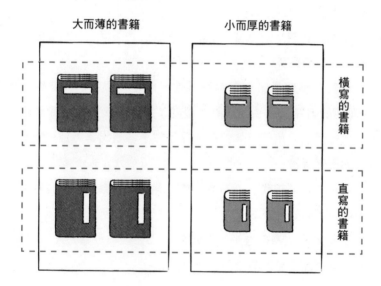

橫寫的書籍

直寫的書籍

看似已整理的資料會因為觀點不同而有新的類別

根據無法再增加時，該怎麼辦？

我們再拉回之前的話題，以現況來看，「食育是個有希望的市場」這個主張，其底下有兩個根據，而且看起來「似乎沒辦法增加新的根據」。

在這裡我們應該思考的是，歸類在「顧客」底下的訊息，能不能再分出其他小框架。

例如將這些訊息分成「過去」、「現在」、「未來」的框架，會如何呢？

> 過去：「食育的概念在日本根深柢固」
> 現在：「強烈的需求正在擴大食育的市場規模」
> 未來：「將來會出現願意花錢學食育的人」

在第一層的「顧客」架構之下，再分出其他的小框架，就可以更有說服力。當然，「將來會出現願意花錢學食育的人」只是副主張，所以在這個副主張之下還必須有「根據問卷調查有0%的人表示願意花錢學習」、「在美國，食育這項付費服務已經企業化」等根據支撐。

【改變架構提高說服力】

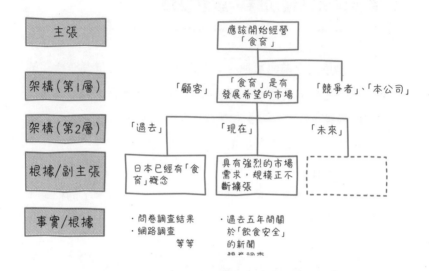

藉由改變市場的「過去」、「現在」、「未來」的小框架，
就可以變成一個容易理解的金字塔架構

不要絕對的正確解答，只要「較好」就可以

或者我們可以使用更直接的架構。

收益性：對食育最感興趣的客層屬於富裕層，推斷可以將單
價訂高一點。

擴張性：透過食育招攬來的顧客，比較容易接受健康食品的
　　　　推銷。
成長性：可以預測今後對飲食安全有所認識的人數會急速成
　　　　長。

　　這樣一來，也許可以讓「食育是有希望的市場」更有說服
力。
　　看到這裡大家應該可以了解，架構並沒有一個絕對標準的正
確答案，而是配合對象來選擇框框中的內容，這就是邏輯和心理
相融合的祕訣。

【從「有無利益」的觀點試著改變架構】

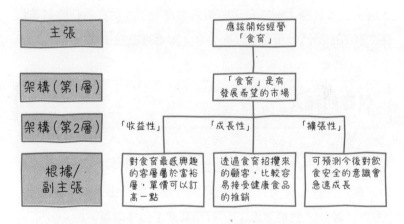

只要改變架構，針對「主張」的「根據」就會完全不同。

人可以分為四大類
（心理）

用「四格圖表」來看出動機

　　每次要視對象來判斷用什麼架構是件很累的事，因此我們可以把對象分類，再依照各個分類選擇適合的架構。

　　首先，在分類上，我們採取「動機矩陣」（motivation matrix），也就是說，依照「動機」來源將人分為四大類。只要了解這些，就能了解本章小故事的祕密，也能明白為什麼對高垣先生有效的講法，用在音部先生身上卻會被三振出局。

看穿四種人

　　可從「人格特質傾向於感性或理性」，以及「動力是來自於內在還是外在」這兩大主軸來具體分類，區分出「計算得失」、「認同渴望」、「規範意識」、「好惡情感」四種類型。

【看穿四種不同的人】

		較倚重情感還是理性判斷	
		理性	情感
動力來源	外在	計算得失	認同渴望
	內在	規範意識	好惡情感

依憑「感覺」還是「道理」？需要「內在」還是「外在」的力量來驅動？
依照這樣的組合可以把人分為四種

各類型的特徵如下所述。

這個矩陣表格區分地並不嚴謹，用來實際分類時，以「這個人的計算得失方面是70％，認同渴望是30％左右」的搭配方式，才能發揮極大的效果。

●「計算得失」

這一型的人屬於「只有對自己有利的事才能激發出幹勁」的類型。

「得」所指的可能是金錢面的「有沒有賺錢」，也可能是第二章所說的提升「政治力」等，也就是對當事人來講可以獲得一些好處的事。

也許有人會覺得，「這種類型的人處處算計，好討厭啊」，但其實不管是誰多多少少都具有這類性格，搞不好愈覺得討厭這類型的人，偏向這類型的機率愈高。

●「規範意識」

「規範」這個詞聽起來也許有點硬，其實只要簡單想成「規則」就可以了。也就是說，這一型的人非常重視「這件事到底正確還是不正確」。

只不過這類型人認為的規則不一定是世界通用的規則，而是依據自己的價值觀或堅持的事情，來判斷發生的事情合不合乎自己以為的「正確」。

●「認同渴望」

這一型的人認為獲得來自他人的稱讚或認同，就是自己工作的最大動力來源。

這一型的人對於事成之後的獎賞沒什麼興趣，只重視旁人認不認同自己。可想而知，這類人最喜歡的句子是「謝謝」。

●「好惡情感」

這類型的人只依憑自己對事物的好惡來做事，有沒有獲利或是他人的評價對他來說沒有太大影響。

這類型的人最重視的是自己內心的感覺，喜歡的話就會充滿

幹勁，可是一旦討厭之後就糟了；這類人只要感覺討厭，那麼即便是職場上司的指示，他也可能會說「我不要做」而一口回絕。

用一個問題判別對方是哪種人！

（心理）

> 「你在工作當中最重視的是什麼？」

把人分成四類之後，相信各位了解「要隨著對象的不同而改變說話的方式才可以說動人心」，因此，依工作的動機來源不同，說話的方法也大不相同。

對重視「計算得失」的人來說，只要直接地跟他強調這麼做是有利的，對方就會動心，覺得「不錯耶，來做吧！」

但是同樣的方式用在「規範意識」的人，就會變得很糟。這類型的人可能會說：「雖然就工作來說，有沒有賺錢很重要，但是也要看看對社會有沒有幫助。話說回來……」就這麼開始說教的話，完全沒辦法說動這一類型的人。

那麼要如何知道對方屬於哪一型的呢？其實只要問一個問題就行了，各位可以找個時機試著問對方：

「○○，你覺得一份工作對你來說最重要的事情是什麼？」

只要看他的回答就可以清楚分辨他的類型。回答方式可看下
列表格：

計算得失：「看有沒有賺錢啊！」

規範意識：「看有沒有對公司、對社會有貢獻。」

認同渴求：「希望能讓人喜歡。」

好惡情感：「做我愛做的工作最重要。」

以足球迷的角度來思考
四種類型的人

（心理）

> **四種類型的人各有什麼特徵和缺點？**

　　在了解如何分辨這四種人之後，接下來要看應付這四類型人的方式。另外，若不適合提出前面的問題來詢問，可以參考下列內容來判斷類別。

　　為了讓內容簡單一點，我們用足球迷來比喻這四種類型，分別以「在想些什麼呢？」、「他對什麼樣的對談比較沒輒？」來判斷。

●計算得失

　　這個類型的特徵是「能贏就好」，不管怎麼得分、怎麼踢，只要贏就好了。當然，這種人最期待的事情就是在整個賽季後取得勝利。

●規範意識

這種類型的人認為「足球比賽一定要精采！」比賽勝負不那麼重要，他們認為：「只會防守而不會快速反擊的比賽一點都不好看。」

●認同渴求

在足球迷的類型裡，這一類型的人屬於外國至上，認為足球最重要的就是得到歐洲那些「足球風行國」的認同。如果有球迷說：「我為了要看國外足球賽，所以常常去歐洲……」，那他就一定是這一型的。只要能得到來自外國人或外國媒體的稱讚，就能滿足這類人的「認同渴求」。

●好惡情感

這類型的球迷就是瘋狂球迷。對這些人而言，「足球怎樣都沒關係，我就是想支持自己喜歡的球隊，怎樣，不行嗎？」他們是會順著自己的喜好來做事的類型。

計算得失

這個類型的特徵是「能贏就好」,不管怎麼得分、怎麼踢,只要贏就好了。當然,這種人最期待的事情就是在整個賽季後取得勝利。

規範意識

這種類型的人認為「足球比賽一定要精采!」比賽勝負不重要,他們認為:「只會防守而不會快速反擊的比賽一點都不好看。」

認同渴求

在足球迷的類型裡，這一類型的人屬於外國至上，認為足球最重要的就是得到歐洲那些「足球風行國」的認同。如果有球迷說：「我為了要看國外足球賽，所以常常去歐洲……」，那他就一定是這一型的。只要能得到來自外國人或外國媒體的稱讚，就能滿足這類人的「認同渴求」。

好惡情感

這類型的球迷就是瘋狂球迷。對這些人而言，「足球怎樣都沒關係，我就是想支持自己喜歡的球隊，怎樣，不行嗎？」他們是會順著自己的喜好來做事的類型。

說服計算得失型的人
關鍵在「獲利」
（邏輯＋心理）

> ## 因應對手改變架構

　　了解四種類型的人之後，我們用先前說明的「架構」來看看如何套用在這些類型的人身上。

　　每個人工作的動機不同，所以在想要說服時，對每個人來說最有效的說服架構也都不一樣。

　　最容易被說服的類型是「計算得失」。因為這種人最重視的是有沒有利益，所以用 145 頁整理出的：

> 「收益性」、「擴張性」、「成長性」

　　這三項來說服，就可以提高說服力。只要用：

> 「獲得的錢（獲利）」、「花費的錢（費用）」、「獲利時機」

這三項來說服，這一類型的人就會飛奔而來。

無論如何重點都是「錢」

「獲利時機」所指的是，「初期費用雖然花得很多，但之後可以一口氣賺回來。」，或「初期費用不會花很多，而且可以從一開始就慢慢地賺。」等這類賺取金錢的時機。對於重視賺不賺錢的「計算得失」類型的人來說，加入這些要點比較能提高說服力。

用「CRICSS」來說的話，使用「Influence」（政治力）、「Comparison」（比較）的技巧會特別有效果。

說服認同渴求型的人
關鍵在「世人的眼光」
（邏輯＋心理）

> ## 滿足對方「希望被認同」的想法

這種「認同渴求」類型的人都是強烈希望「有人認同、有人感謝」，所以要說服這種人基本上有三個重點：

「聲譽」、「權威保證」、「依賴」

「聲譽」指的是各界的評價，這正是認同渴求型的人最喜歡的。但既然要獲得認同，當然是讓「權威人士」認同比較好，也就是這個框架中的第二項「權威」。電視、報紙，或是名人、專家的評論很容易說到這一類型人的心坎裡。

最後一項「依賴」乍看之下很簡單，但在商場上很少能見到，所以這一招對有強烈「認同渴求」的人來說很有效。

以「CRICSS」來說，使用「Return」（回饋）、「Influence」

（政治力）的技巧會特別有效果。

【認同渴求類型的人，對下面這種架構難有招架之力】

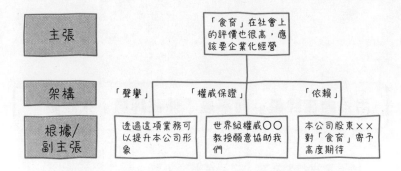

試著滿足這類型人「希望被認同」、「希望被感謝」的心情。

說服規範意識型的人
關鍵在「價值觀」

（邏輯＋心理）

> ## 用「內在評量」而不是「外在評量」來說動

接下來我們來看看「規範意識」類型的人。

這類型的人堅持自己的價值觀，似乎很難應付。我們前面看到的四格圖表，這一型的人意識是來自內在，所以很難以外在因素來說服他。但是我們可從這三個方面來試試：

「堅持」、「相關性」、「傳播性」

> ## 重點是「價值觀」

這類型的人注重價值更勝於金錢。可以用「有人贊成你的價

【規範意識類型的人對下列這種架構難以招架】

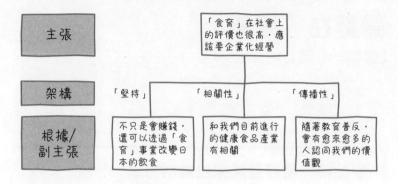

這類型的人堅持自我的價值觀。他們的想法與眾不同，最重要的是要強而有力地命中他們的價值觀，才能打動他們。

值觀」、「有人認為你的價值觀正確」等說法，所有要點都圍著「價值觀」。

「堅持」是為了讓這類人覺得你提出的主張是建基於堅固的價值觀之上；而「相關性」則是讓價值觀和行動之間不要產生不協調現象的加強手法，用這種方式應該就能說動對方。

「傳播性」則是把價值觀推展到社會中，只要能夠主張這點，就可以說服這類型的人。

以「CRICSS」來說，使用「Commitment」（相關承諾）的技巧會特別有效果。

說服好惡情感型的人
關鍵在「好惡」
（邏輯＋心理）

要記得「用好惡感來說動對方」

最後一個「好惡情感」類型的人，很容易讓人懷疑他們是不是最難搞，但其實很簡單。

這類型人的行為模式是只要喜歡就會做得很開心，討厭的話連理都不理，所以只要明確掌握對方的好惡就可以了。要說動對方的方式就是：

「類似性」、「互補性」、「意外性」

什麼時候會去喜歡人？

各位可以試著回顧一下，自己什麼時候會去喜歡對方或是墜入情網？

前提應該是「和自己有共通點」；或是剛好相反「有著自己

【好惡情感型的人對下面這種架構毫無招架之力】

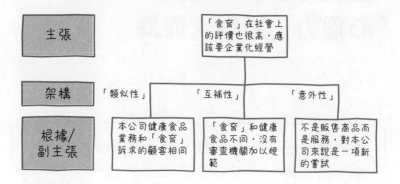

這類型的人重點是「情感好惡」。除這三個之外，「娛樂性」與「設計性」也有效。

沒有的部分」；還有意外性，也就是説，當有人告訴你「你有想像不到的一面呢」，或是讓你覺得「沒錯，就是這樣」，正好猜中你想法的時候吧。

對於好惡情感類型的人，可試著從「類似性」、「互補性」、「意外性」三點來説服。

以「CRICSS」來說，使用「Scarcity」（限定感）、「Sympathy」（同感）的技巧會特別有效果。

「邏輯力」要有彈性，
「心理力」要因人而異

不要拘泥在「一定徹底、絕不重複」

最後要給努力學習邏輯思考的人一些建議。

架構的說明大抵就是「一定徹底、絕不重複」之類的理念，這是基本的。底下舉四個英文單字：

Mutually（互相的）
Exclusive（排外的）
Collectively（整體的）
Exhaustive（徹徹底底的）

這四個英文單字，各取第一個字母就是MECE。

在陳述某個主張時，必須徹徹底底地陳述根據，而且要避免反覆講同一件事情。

這個要素很重要，例如健太郎在思考金字塔架構時，所使用

的3C（Customer：顧客、Competitor：競爭者、Company：本公司）就是很徹底而且不重複的例子。

真正重要的是「傳達給對方」

不過以站在說動對方的觀點來看，除了要徹底且不重複之外，還要配合對方來組織架構。

認為「邏輯溝通很難」的人，對這種架構尤其感到棘手。這是因為太過在意MECE，努力要去追求完美造成的。

其實不應該這樣，雖然不是要各位不在乎MECE，但真正重要的是配合對方來選擇適合的架構，也就是要把金字塔架構當成溝通工具來使用。

健太郎終於向社長正式提案

　　健太郎終於可以將自己所寫的新業務企畫向社長正式提案。這一場提案健太郎想運用邏輯和心理來進行發表，心想這樣的話應該可以得到社長的首肯。但是，在那之前還有最後一步。

＊　　＊　　＊

　　確定三天後將向社長崛越一哲進行發表後，健太郎所率領的企畫團隊幹勁也衝到了最高點。

　　企畫的內容已經獲得團隊所有成員的認同，接下來就看要怎麼秀給社長看，以獲得最終的「首肯」。

　　因此，也需要確定金字塔架構中那些「框架」要放的內容為何，從社長平常的說話方式，成員們覺得崛越社長有很強的「計算得失」傾向，因此決定用「收益性」、「擴張性」、「成長性」的框架來進行說明，而且這樣也符合PEMA的法則。

　　「在規範愈來愈嚴格的情形下，『食育』會成為本公司主要的新獲利，「食育」也可以幫助擴展健康食品業務，所以應該盡早推展才是。」用這個概念來推進，應該任何人都可以接受吧。

　　「為了保險起見，我們來事前演練一下吧？」

説這句話的是小澤上司。健太郎當然沒有拒絕的理由。以前的健太郎會因為莫名奇妙的對抗意識而搬出邏輯那一套來反抗，自顧自地悶著頭煩惱，但現在的健太郎已經知道不管是邏輯還是心理，都是為了讓周圍的人能夠協助自己，讓業務大幅順利進展的溝通工具。經過一番演練之後，健太郎問小澤上司的意見。

　　「嗯，不錯啊！」

　　嚴肅的臉龐出現少見的和緩表情，這應該是小澤上司認為合格的意思。

　　「因為內容有故事性，所以就很想一直聽下去，邏輯性也很紮實，所以很有說服力。青木你努力學習的內容，變得『真的可以實際運用』了。」

　　「謝謝……」

　　聽到上司稱讚自己雖然很開心，但也覺得很意外。小澤上司不是不認同我學習邏輯思考嗎？小澤似乎看出健太郎內心的混亂，苦笑著繼續說。

　　「我並不是否定你的邏輯思考。」

　　「是……」

　　「只是光靠邏輯就要說動周圍的人去做事，這很困難對吧？所以其實我希望青木你可以運用心理溝通來做事。」

　　「這個……您說得是。」

　　現在健太郎終於能清楚了解小澤上司說的內容了當初因為專案啟動會議發表不順，所以開始學習說動對方的技巧，而這對健

太郎來說是一個很大的難關；因為前不久還在滿腦子的「邏輯思考」，根本沒辦法邁入這個境界，但現在健太郎突然發現原來自己的思路已經到達這個境界了。

「啊，小澤長官，難道這些全是你的計畫嗎？為了讓我體會到心理的重要!?」

「怎麼可能！」健太郎這樣想著，但從整個過程來看，卻也似乎很合理。在專案啟動會議中發表而被踢中「要害」時，上司似乎在告訴他「打鐵要趁熱」，教了健太郎許多技巧；在中期報告時，留下一個「這就是你們盡了全力的表現？」的謎團，還有解答這一切的CRICSS的學習技巧；而這一次也是小澤上司說要事前預演一下。

「還好啦！」

小澤上司宛如要岔開健太郎詢問似的浮現出一抹微笑，這和三個月前專案啟動會議發表之後出現的表情一樣。

「啊……」

原來從那個時候開始，上司就不動聲色開始對自己進行「培養計畫」啊？健太郎胸口一熱，激動到說不出話來。

「不過在發表時，一開始先『炒熱場子』會比較好。具體來說……」

他一定是在隱藏自己的害羞。小澤上司宛如要避開健太郎的感動似的開始做最後的建議。

＊　　＊　　＊

「那麼，我們慶祝專案企畫圓滿結束……乾杯！」

在宮城的乾杯指令下，這個慶祝會不只是專案團隊成員，還有其他部門的許多員工都一起慶祝。

這就是「SLOBIS食育學院」獲得公司內部支援的證明。健太郎胸口又是一熱。

有人敲健太郎的肩膀，他回頭一看，只看到上司小澤豪一郎的笑容。

「辛苦了！」

「小澤長官……真的很謝謝您。」

健太郎打從心底感激，小澤似乎正深深體會這句話一般，沉靜一陣子之後小聲說道：

「那麼，就看接下來怎麼做了……」

沒錯，上級已經正式同意「SLOBIS食育學院」成立，下個月開始可以設立準備室了」。

「說得也是。企畫結束的哨聲是下一個階段的開始。」

這時健太郎沒想到的是，他從小澤上司身上學到說動人心的技巧，會在意想不到的地方大為發揮。在這個時候，還難以想像健太郎在不久之後，將以「SLOBIS食育學院」講師的身分登台。

結語

　　挑戰「新業務企畫」的健太郎，順利來到了對社長發表的這一站，同時自己也提升了技巧，這個「長途旅程」似乎終於抵達終點。一路以來一起閱讀本書的各位讀者，你們也辛苦了。

　　本書介紹了各種技巧，請各位務必從明天開始就試著用用看，就算是「搭訕說話術」或「區分主張與根據」之類的簡單技巧也可以。使用這些技巧，重要的不是「知」，而是「行」。

　　尤其是有許多人認為，邏輯思考只是「紙上空談」或是「滿腦子歪理」，這一點也是我在執寫本書時，希望能做些什麼來改變這種想法的原因之一。

　　話雖如此，也許有人會有「如果失敗的話很討厭哪」、「有點丟臉……」的疑惑，那就容我介紹一個可以讓你自己推自己一把，去挑戰新事物的魔法用語，那就是：

「闖紅燈！」

　　當然，紅燈時，如果車子在眼前穿梭的話，務必要停下來，但是如果紅燈時，沒半台車經過，卻站在那裡遵守這種「不知道

是誰定的規定」，就有點可惜了。

商場也一樣，有些人會自己替自己的心踩煞車，好不容易學會的技能卻不拿來用，白白糟蹋好東西。

而這樣下去，什麼情況也不會改變。因此，先從自己的職場或是朋友開始都好，請拿出些許勇氣試試看。

如果沒車經過的話，希望各位能試著跨過自己心中的紅燈。剛開始也許沒辦法做得很好，但是愈習慣應該就愈能感覺到自己在溝通上有很明顯的改善。

有趣的是，當開始改變自己的行動後，周圍就會開始漸漸地改變。

一定有人會看到你冒著風險踏出那一步，就像健太郎的上司小澤這樣的人，而這個人也一定會在某個情況下拉你一把，幫助你成長。一定也有像晚輩宮城一樣的人，會因為你踏出的那一步而受到鼓舞，自己也跟著往前邁出那一步。

有許多偉人留下很多和「風險」有關的名言。

『最大的風險就是過著沒有風險的人生。』
　　　　——史蒂芬・柯維（Stephen Richards Covey）
　　　　（管理學大師，《與成功有約》作者）

跨過心中紅燈的這一步，除了是為了提高自己的技術，同時也和改變公司這個組織，甚至大到和改變整個社會都有關聯。

現今的社會瀰漫著一股看不見未來的苦悶，如果讀者閱讀本書之後，能改變現況，鼓起踏出第一步的勇氣，那將是我莫大的欣慰。

　　另外本書執筆時，中經出版社的中村明博先生非常照顧我，就像是兩人三腳完成一部作品一般，我非常感謝這份難得可貴的經驗。

2011年5月

木田知廣

特別收錄

只要有這些就沒問題！
商場上可實際運用的
八大架構

愈是認真的人就愈想去記住商業專門用語。但是實際
上應該記住、活用的架構只有幾個而已。

在這裡我們介紹八大架構。只要掌握這些，就不會被
工作絆手絆腳了。

可實際運用在商場的八大架構

感謝各位閱讀《可實際運用的邏輯思考術》，接下來要解說本書沒能介紹的「八大商業架構」。

一言以蔽之，這些是我從「只要知道這些，什麼商場對話都可以進行」的角度嚴格選出的八大架構。

請各位看下一頁的概要圖。

「7S」、「價值鏈」（Value Chain）、「5F」、「3C」、「4P」、「內／外／市場選擇」、「利益＝營業額－費用」、「資產＝負債＋資本」這八個架構，位置關係會隨著各架構的功能不同而有所差異。

左邊的「內」是有關「如何生產出商品、服務」的架構。

右邊的「外」是有關「對外部的某人、將提供何種商品、用多少價格」的架構。

正面的「市場選擇」是有關「業界研究、選擇」的架構。

各架構的特徵將會在下一個項目中說明。

【八大商業架構的概要圖】

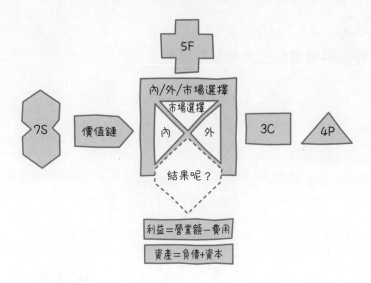

這個概要圖是

「內」=「7S」「價值鏈」

「外」=「3C」「4P」

「市場選擇」=「5F」

結果和「利益＝營業額－費用」「資產＝負債＋資本」相關聯。

3C

（物品販售前的三大檢驗要項）

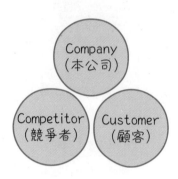

現在要來問各位一個問題

想要「販售自己公司的產品」，那公司應該做什麼才好？答案就是古人的名言。沒錯，就是孫子說的「知己知彼，百戰百勝」，也就是說，先了解「本公司Company」「競爭者Competitor」就可以了。再加上「顧客Customer」的話，就完成「市場3C」。把這些當成檢查表來使用，就不會在「銷售商品」時產生遺漏。各位有沒有過只注意到競爭，卻忘了注意重要的顧客需求的經驗？

八大架構②

4P
（市場行銷所需的四個觀點）

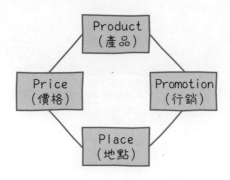

相對於「3C是以公司的宏觀角度來看商場環境」而言，4P則屬於具體論。

例如經營「一千日圓理髮店」時，要掌握什麼關鍵才能讓顧客光臨？

當然價格（Price）、服務品質（Product）一定要夠好，還有，地點條件（Place）也是關鍵之一，如果可以的話，在事前最好也要以廣告宣傳（Promotion）的方式來取得顧客信賴。

合併在一起的話，市場行銷的具體政策4P「Price」（價格）、「Product」（產品）、「Place」（地點）、「Promotion」（行銷）就完成了。

波特的 5F

（找出「有錢賺的產業」）

「5F」的「F」指的是英語的「Force」＝「力量」，所以也有人稱為「波特的5力分析」（注：麥可・波特〔Michael Porter〕在一九七九年提出五力架構）。

簡單來說，這是判斷「這個產業有沒有錢可賺」所使用的工具。比方說，金融界裡三十歲左右的千萬投資者很常見，但在製造業的情形如何呢？要解開這個疑問的關鍵就是「5F」。

一般來說，大家都會這麼想：競爭對手愈強，就愈沒有機會賺到錢，對吧？其實並非只考量這點而已，還必須想到「顧客的議價能力」、「供應商的議價能力」、「新加入競爭者的威脅」、「替代品的威脅」種種要素才能做出全面性的判斷。

內／外／市場的選擇

（看穿公司的獲勝模式）

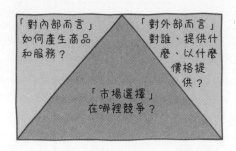

　　這個架構是從「對內部而言」、「對外部而言」、「市場選擇」這三個觀點，來了解公司應該前進的目標方向。

　　具體來說就是：

　　「對外部而言，對什麼人、提供什麼、以多少價格提供？」

　　「對內部而言，如何產生商品和服務？」

　　試著套用在自己公司看看，也許會有意想不到的發現。

麥肯錫（McKinsey）的7S

（了解公司經營的構造）

從名字就可以想像這是經營顧問公司麥肯錫（McKinsey）所提倡的內容，把「策略」（Strategy）、「組織構造」（Structure）、「公司制度」（Systems）、「企業理念」（Shared Value）、「人才」（Staff）、「管理風格」（Style）、「技能」（Skill）的第一個字母組合起來就是7S。

順帶一提，這個圖表可以分為上面三個的「硬體S」（組織結構）和下面四個的「軟體S」（說動人心的構造）。

看起來似乎很怪異，但這7S廣泛包含了公司的各種要素，要從外部分析企業時，這是一個很方便的架構，請一定要使用看看。

價值鏈（Value Chain）

（找出公司當中最重要的工作）

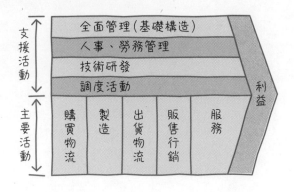

這圖表用來說明公司內部業務流程，「購買物流→製造→出貨物流→販售行銷→服務」。

而且，在公司內部支持這些業務線的「服務架構」就是「人事勞動」、「技術研發」「調度活動」。

那麼，接下來有個問題，在這個架構裡那個層級最賺錢？沒錯，在價值鏈分析下，最重要的就是思考「那個地方最賺錢」，將低價值的部分排除，強化高價值的部分。

資產＝資本＋負債

（公司的X光檢查）

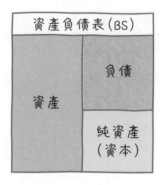

資產負債表（BS）

負債

資產

純資產
（資本）

　這是資產負債表（BS）。有許多人或許並沒有留意過這個架構，而只是有略微的認識而已。

　右側的資本＋負債是WHO（誰出資金），左邊的資產是HOW（如何使用金錢）。經營者對出資者進行報告時，可以使用這個架構。

利益＝銷售額－成本

（策畫公司賺錢的能力）

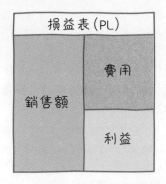

　　這是連沒有學過會計的人都知道的有名的財務報表，簡直可以說這是呈現商業本質的公式。

　　銷售額－銷售成本＝銷售總利（毛利）

　　銷售總利－管銷費用＝營業淨利

　　營業淨利－營業外支出＝稅前淨利

　　這在商業中算是相當基本的常識，所以利用這個機會好好複習一下。

　　有人說「利益就像流水麵一樣」，一開始獲得的銷售額會被進貨業者等「吃掉」，剩下的稱為「銷售總利（毛利）」、「營業淨利」。

人人必讀的十本書

看完本書之後，還想「更加提升溝通能力」的人，可以先看看下面列出的十本書。

01 **《表達想法篇　鍛鍊邏輯能力的訓練手冊》**
渡邊PAKO／KANKI出版

閱讀本書後，應該就能明白「表達」的重要性、困難度、該如何真誠以對的態度。不要只看一遍而已，希望讀者能將這本書放在手邊經常閱讀。

02 **《快速學會侃侃而談──磨練你的「聲音力」實際訓練》**
倉島麻帆／誠文堂新光社

由於篇幅的關係，沒在書中介紹這本書，不過聲音和表情都是溝通的重要因素。談論這方面的書很多，但是我特別推薦這本。

03 **《理所當然卻很難做到閒聊的規則》**
松橋良紀／明日香出版社

聽到「閒聊」可別小看。和第一次見面的人也能閒聊的技巧，馬上就可以應用到和不同文化的人建立信賴關係。

04 **《什麼是「會計」？從十二歲開始變成聰明大人的商業課》**
友岡贊／稅務經理協會

如果你認為會計是「專門職業者才需要的公司數字」那就錯了。會計是凡和商業有關的人都應該學習用來溝通的共通語言。請務必從這本超適合第一次學會計的人看的書開始看。

05 **《邏輯・簡報──能有效傳達自己想法的參考策略「提案的技術」》** 高田貴久／英治出版

可學到在「簡報」和其他場合都能廣泛使用的技巧。

06 《故事的體操——快速就會寫小說的六堂課》
大塚英志／朝日新聞出版

如同書名，這本書適合想要寫小說的人看，不過想效法「PARL 法則」，當個說話具有故事性，會吸引聽眾的人，讀讀也無妨。

07 《日語的作文技術》
本多勝一／朝日新聞出版

經典名著，想要寫出明瞭易懂文章的人必讀的一本書。

08 《拿出你的影響力——促動改變的六種力量》
凱利・派特森（Kerry Patterson）等著／麥格羅希爾出版

介紹對在大組織中工作的人特別有效的「讓組織動起來的祕訣」。書中有很多範例可供參考。

09 《實質利益談判法——跳脫立場之爭》
費雪（Roger Fisher）／遠流出版

經典名著。內容稍難，不過讀通的話，對於「談判」的想法應該會改變。

10 《使用權力管理：組織中的政治和影響》（*Managing with Power: Politics and Influence in Organizations*）
傑夫瑞・菲佛（Pfeffer Jeffrey）／哈佛商學院出版

對公司內部政治有興趣的人，看這本不會錯。因為書中舉例是美國發生的情形，所以剛開始看會有點難投入，但是基本上來說政治力的本質是世界共通的。

參考文獻一覽

- 《解開行動金融市場的非合理性的新金融理論》（*Behavioral Finance*）喬齊姆‧高德柏格（Goldberg Joachim），魯狄格‧馮‧尼采（Rudiger Von Nitzsch）／鑽石社
- 《馴服風險》（*Against the Gods: The remarkable story of risk*）彼得‧伯恩斯坦（Peter L. Bernstein）／商周出版
- 《第一次當課長的教科書》酒井穰／DISCOVER 21
- 《抓住客戶的網頁心理學》川島康平／同文館出版
- 《企業家上班族》安土敏／講談社
- 《管理強大的壓力——激發潛力，讓「煩惱」變得有「價值」的科學方法》小林惠智／PHP研究社
- 《為什麼會相信算命師說的話？完全解讀「冷讀術」》石井裕之／forest出版社
- 《為何現今社會二十多歲的女性對四十多歲男性有吸引力》大屋洋子／講談社
- 《知道新約聖經嗎》阿刀田高／新潮社
- 《知道舊約聖經嗎》阿刀田高／新潮社
- 《漫畫的創造法——沒人教你的專業級的故事創造法》山本OSAMU／雙葉社
- 《引導的技術，改變「公司職員的意識」促進互動的管理》崛公俊／PHP研究社

- 《理所當然卻很難做到會議的規則》宇都出雅已／明日香出版社

- 《了不起的會議短時間內公司有劇烈改變！》大橋禪太郎／大和書房

- 《教練聖經——讓生活更美好的新溝通方法》（*Co-Active Coaching*）惠特沃茲（Whitworth）等著／東洋經濟新報社

- 《快樂為什麼不幸福》丹尼爾·吉伯特（Daniel Gilbert）／時報出版

- 《想說的話為何說不出口——從意見相反導向成功的話術》（*Crucial Confrontations*）科裏·帕特森（Kerry Patterson）等著／TRANS WORLD JAPAN

- 《工作順心的人際關係訓練——引導能力養成》中西真人／KANKI出版

- 《揭開哈佛商學院的奧秘》大衛·艾文（David W. Ewing）／聯經出版事業公司

- 《企業的變化改革和經營者教育》野村管理學校／野村總合研究所公關部

- 《為何他敢說？深受好評的技術和習慣》箱田忠昭／Forest出版社

- 《引導師》森時彥／鑽石社

- 《改變組織的「慣性」》田村洋一／FIRST PRESS

- 《開會絕對有效率》邁克爾·多伊爾（Michael Doyle）、大

衛‧斯特勞斯（David Straus）／日本經濟新聞社

- 《世界上最簡單的解決問題的課業——養成自我思考、行動的能力》渡邊健介／鑽石社
- 《為何公司不改變——突破危機的水土改革連續劇》柴田昌治／日本經濟新聞社
- 《恢復Ｖ字經營》三枝匡／日本經濟新聞社
- 《以故事力打動人心！——商場上必定成功的新手法》平野日出木／三笠書房
- 《No.1理論——「可以辦到的自己」「堅決的自己」「幸福的自己」》西田文郎／三笠書房
- 《意志力革命 達成目標的行動方程式》布魯奇（Heike Bruch）、戈夏爾（Sumantra Ghoshal）著／random house 講談社
- 《搭訕科學化人類的兩個性戰略》坂口菊惠／東京書籍
- 《不愉快的職場～為何同事不幫忙》高橋克德等著／講談社
- 《以人為本的企業》戈夏勒（Sumantra Ghoshal）、巴特勒特（Bartlett, Christopher A.）／鑽石社
- 《邊緣人——給面臨反抗期的每個人》北原RYOUJI／少年相片報社
- 《發達的法則——讓有效率的努力科學化》岡本浩一／PHP研究所
- 《創造者的想法——鍛鍊創意的二十個工具和祕訣》松林博文／鑽石社

- 《聰明的說明「馬上就可以」的祕訣——今天就有結果》鶴野充茂／三笠書房
- 《商務人士的「數學力」養成講座》小宮一慶／DISCOVER 21
- 《稱讚詞彙手冊》本間正人、祐川京子／PHP研究社
- 《表達力》池上彰／PHP研究所
- 《誰在操縱你的選擇：為什麼我選的常常不是我要的？》希娜・艾恩嘉（Sheena Iyengar）／漫遊者文化事業公司
- 《引導力》山崎將志／FIRST PRESS
- 《如何成為說服大師》（ *The Psychology of Persuasion* ）侯根（Kevin Hogan）著／希代出版
- 《討論視覺化——將討論內容視覺的技術》堀公俊、加藤彰／日本經濟新聞社
- 《教育研習導航》堀公俊、加部貴行／日本經濟新聞社
- 《60分鐘・企業絕對領先企畫和顧客搏感情的戰略建構法》神田昌典／鑽石社
- 《新哈佛流交涉法理論和感情如何應用》費雪（Roger Fisher）／夏皮諾（Shapiro Daniel）／講談社
- 《學會說不／不傷和氣，又讓人服氣的溝通法則》威廉・尤瑞（William Ury）／天下雜誌出版
- 《說話表達的技術——侍酒師的表現能力》田崎真也／祥傳社

國家圖書館出版品預行編目資料

邏輯這樣用，才能解決各種難題／木田知廣著；
邱麗娟譯. -- 一版. -- 臺北市：臉譜，城邦文化
出版；家庭傳媒城邦分公司發行, 2012.07
面；　公分. --（企畫叢書：FP2239）
譯自：ほんとうに使える論理思考の技術
ISBN 978-986-235-187-1（平裝）

1.商業談判　2.思考　3.人際關係

490.17　　　　　　　　　　　　101011202